数学の展望台 I

中学・高校数学入門

遠山 啓 著作集
数学論シリーズ 1

数学はむずかしくない。しかも数学は数学のアイデアの宝庫である。数の系列、関数、円周と円周率など中・高校数学の入門に、その展望を深めるという考え方にウェイトをおいて解説する親しみやすい数学入門。

――本文より

太郎次郎社

自然のなかの数学——❶

数学とは，パターンの学である。
最初に芽ばえが訪れたとき，無機質の結晶に輝きながらも，
やがては無定型への，崩壊の予感を持たずにおれない。
そしてそれこそ，成長の証しでもあってみれば，
まだ語られていない物語の夢が，かぎりなく紡ぎだされることになる。——森 毅

遠山啓著作集
数学論シリーズ——1

数学の展望台——Ⅰ 中学・高校数学入門

目次

I―数の系統1――自然数と初等整数論

自然数――――10

自然数の演算――――15

公倍数と公約数――――25

素数――――34

II―数の系統2――分数と正負の数

分数の意味――――46

分数の演算――――53

負数の加法と減法――――64

負数の乗法と除法――――70

III——数の系統3——実数と複素数

有理数と無理数————82
実数の性質————89
虚数と複素数————96
複素数の演算————104

IV——中学数学入門講座

文字記号の意味————118
公約数————126
公倍数————134
素数————145
集合と関数————156

V—高校数学入門講座

内積————168

行列と行列式————176

3次元の行列式————184

指数関数————191

オイレルの公式————202

関数の性質————211

中学・高校数学の発展のために————220

VI―中学・高校数学の展望

構造とはなにか――――232
ペアノの公理と自然数――――239
ペアノの公理の拡張――――249
有理数の創出――――258
代数の系統――――265

解説……榊忠男――――272
初出一覧――――282

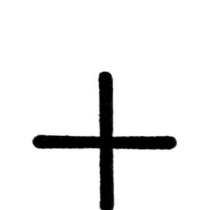

数学の展望台──Ⅰ

I──数の系統1──自然数と初等整数論

●──2という数は無数の具体的な物体から抽象された考えなのである。だから，抽象する能力が人間になかったら，数というものはもともとなかっただろう。──12ページ「自然数」

●──1対1対応がかぞえることの基本であるが，集合論も，この1対1対応がもとになっている。集合論は無限をかぞえるという目的をもった学問であるが，そのように高度な学問のはじまりが，こんな初歩的な考えのなかにあった，ということは興味が深い。──13ページ「自然数」

●──素数はそれ以上，分解できない数だから，化学の元素のようなものである。HやOはそれ以上，分解できないのである。だから，化合物を分子式で書き表わすことは，素因数分解と似たものである。$12 = 2^2 \cdot 3$は，水$= H_2O$と同じ考え方にもとづいている。──38ページ「素数」

自然数

●────数の起源

長い進化の途上で，人類はいつごろからかぞえることができるようになったのだろうか。この疑問に答えることは今のところだれにもできない。答えようにも手がかりがないからである。

それでも，おおよその見当ならつく。それはたぶんつぎのようにして起こったのであろう。

木の実をとったり，川の魚や貝を捕えたりして暮らしていた時代にも，人間は何とかしてかぞえることをやっていたにちがいない。木の実や魚を貯えるためには，何とかしてかぞえなければならないからである。

しかし，人間が木の実を拾ったり，川の魚や貝を捕えたりする消極的なやり方を変えて，麦や米などの植物を育て，羊や牛を飼うような積極的なやり方をするようになると，かぞえることもひんばんになり，かぞえる数も大きくなったにちがいない。考古学者によると，木の実を拾ったり，野獣を狩ったりした時代が旧石器時代とよばれ，農業や牧畜をやり出した時代が新石器時代とよばれている。

生活の糧をつくり出していく方法の，このように大きく進歩した時代が，やはり，数の知識を大幅に進歩させたにちがいない。小さい部落に集まって暮らしていた人びとが，農業をやっていく必要からだんだん集まって都市をつくり，やがては国家をつくるようになると，1から10までの数ではまに合わず，10,0000とか100,0000とかいう大きな数が必要になる。計算も加法や減法だけではまにあわず，乗法や除法が入用になっ

てくる。

大きな河に沿った肥えた土地に，農業をもとにしたエジプト，バビロニヤ，インド，中国のような古代の国家が生まれた。これらの国ぐにでは土地の広さをはかり，収穫量を計算し，税を割り当てたりする仕事があったし，四季のうつり変わりを知る必要上，天文学が発達し，それがまた，数学の進歩に大きな刺激を与えた。これらの国ぐにでは，現在の小学校程度までの数学がつくり出されていたのである。

●――自然数とは何か

木の実や羊の群をかぞえる必要から 1, 2, 3, 4, ……という数が生まれた。このようにものを〝かぞえる〟ときに必要になる数 1, 2, 3, 4, ……を**自然数**という。しかし，あとで**正の整数**ということもある。あらゆる数のもとになるのが，この自然数なのである。

ところで，〝かぞえる〟という一つのはたらきについて考えてみよう。木の実をかぞえるときでも，羊の群をかぞえるときでも，いやしくもかぞえられるものは，次の二つの性質をもっていなければならない。

①――一つ一つがはなればなれになっていること。
②――おのおのがはっきりと区別できること。

別のことばでいうと，おのおのが独立性と個性をもっている，ということである。つまり，これらは**物体**なのである。

ところが，木の実や羊の群とちがって，水とか鉄材などになると，その一部分は，はなればなれにもなっていないし，区別もできない。そういうものは**物質**であって，物体ではない。だから，かぞえるのは物体であって，物質はかぞえることはできない。物質は〝はかる〟のである。

このような物体が〝いくつ〟あるか，というとき，〝リンゴが3つ〟〝石が4つ〟……というように，答えは 1, 2, 3, 4, ……という自然数のどれかになる。

●――自然数の性質

このようにして生まれた 1, 2, 3, 4, ……という自然数は，どのような性質をもっているかを考えてみよう。

I―数の系統 1

まず第1に，**物体の個性とは無関係である。**

その意味を少しくわしくのべよう。たとえば，2本の黒エンピツでも，2本の赤エンピツでも，その個数は同じ"2"である。この2はエンピツのもっている個性，たとえば，"黒い"とか"赤い"とかいう特徴とは関係がない。黒エンピツでも赤エンピツでも，2本の2は変わらない。また，エンピツだけではなく，2枚の紙でも，2人の人間でも，2ということは同じである。つまり，2という数は2本の黒エンピツ，2本の赤エンピツ，2枚の紙，2人の人間……等という無数の具体的な物体から抽象された考えなのである。だから，抽象する能力が人間になかったら，数というものはもともとなかっただろう。

　さて，人間以外にも数の考えがあるかどうかということがよく問題になる。そこでよく引き合いにだされるお話がある。

　ジョン・ラボックという博物学者は，動物も数を知っているということを主張しているが，その裏づけとしてあげている実例の中に，次のようなものがある。

「私は，むかし，小鳥の巣から卵をとり去る実験をやったことがあり，最近もやってみたが，その結果によると，巣の中に卵が4つあるときは，1つとっても小鳥は気づかない。しかし，2つとると，飛び去るのがふつうである。そうしてみると，2と3を区別するだけの知能があると考えてもいいように思う」

　2と3が区別できるだけで，数の考えをもっているというのは早すぎるだろう。3個の卵と3匹の虫が同じ"3"であることがわかっていない以上，3という数がわかったとはとてもいえないはずである。小鳥はもちろんのこと，人間でも未開人になると，あやしいのである。

　第2に，**かぞえる順序をどう変えても，数は変わらない。**

"リンゴが3個ある"というとき，そのリンゴの群をどんな順序でかぞえても，3は変わらないのである。トランプの枚数はどんなに切ってかぞえても，同じ"53"であるし，人間の指は，おや指からかぞえても小指からかぞえても，同じ"5"である。これが物の個数というもののもっている第2の性質である。

　第3に，**ものをいくつかの群に分けてべつべつにかぞえて，あとで加えても，数は変わらない。**

両手の指を左手のおや指から右手のおや指まで順々にかぞえていっても10，左手だけをかぞえて5，右手だけをかぞえて5，合計10となっても，同じ"10"である。

以上，三つの条件が全部そろったとき，数の考えがはじめてでき上がったといえるのである。これだけの条件をそなえているべきものとすると，人間以外の動物にはとてもできない相談であろうし，人間でも未開人になると，これだけのことがはっきりわかっていないらしい。

●――1対1対応

さて，もういちど"かぞえる"という手続きを考えてみよう。羊の群をかぞえるために，門を入ってくる1匹1匹ごとに小石をならべる。そして，この小石が羊の数をあらわしていることになる。

このとき，羊の群と小石の集まりは1対1対応をなしているという。羊の1匹には小石が1つ，また，反対に小石1つには羊が1匹かならず応じているからである。また，人間の数を指でかぞえるときも，1人に対してかならず1本の指が応じているからである。だから，あるものの集まりをかぞえる，ということは，これと1対1対応する他のより都合のいいものの集まりを見つけだすことだ，といってもよい。

このように，1対1対応がかぞえることの基本であるが，現代の集合論も，この1対1対応がもとになっている。集合論は無限をかぞえる，という目的をもった学問であるが，そのように高度な学問のはじまりがこんな初歩的な考えの中にあった，ということは興味が深い[*1]。

●――自然数は無限にある

自然数は限りなくある。"限りなく"ということは，どんな大きな数をもってきても，それより大きな数がある，ということである。エジプト人は100万という数の大きさに肝をつぶしたのか，それを驚いている人間で表わした。しかし，100万より大きな数はやはりある。それは100万より1つだけ多い数である。1000万でも1兆でも，それより大きい数は存在するのである。

このように，自然数が限りなくあることを知るようになったのは，それ

---

*1――遠山啓『無限と連続』（岩波新書）参照。

ほど昔のことではないらしい。

今日，大きな数のことを天文学的数字などというが，このように大きな数のかぞえ方を最初に考えた人は，たぶん，アルキメデスであったろう。彼は，全宇宙における砂の数を計算するために膨大な数を考え出した。彼は1に63個の0のついた数さえ考えたのである。これだけ大きな数を考えるようになると，自然数が限りなくあるということに気づいていたにちがいない。

自然数の演算

●――**自然数と加法**

どのような大きな数でも，もとをただせば，〝1〟をつぎつぎに加えていったものである。

$$1+1+1+\cdots\cdots+1+\cdots\cdots$$

こう考えると，自然数をつくっていくものは〝＋〟という計算のしかた，すなわち，演算であるといってもよい。＋がいくらでも繰り返してできるということが，自然数が無限にあるということのもとである。だから，勝手にとってきた二つの自然数を加えても，その答えはやはり自然数になる。

$$3+5=(1+1+1)+(1+1+1+1+1)$$
$$=1+1+1+1+1+1+1+1=8$$
$$4+7=(1+1+1+1)+(1+1+1+1+1+1+1)$$
$$=1+1+1+1+1+1+1+1+1+1+1=11$$
$$\cdots\cdots$$

別の言い方をすれば，自然数という数の集合の中では加法，すなわち，＋が自由自在にやれるのである。このためには減法，すなわち，〝－〟はかならずしも自由にやれないことを思い出してみよう。小さい数から大きい数を引くことは，自然数というものの集合の中ではできないのである。

$$2-5,\ 10-17,\ \cdots\cdots$$

自然数という数の範囲内で〝＋〟が自由にできる，ということを，数学者

は"自然数の集合は加法に対して閉じている"という。
"閉じている"ということばは大切なものであるから，ここで説明しておこう。たとえば，40個の将棋のコマがあるとき，これだけで将棋ができるので，40個のコマの集合は"閉じている"といってよい。しかし，コマの中から歩が1つ紛失して39個になったら，そのコマの集合は閉じていないのである。同様に自然数全体の集合の中から，たとえば，"4"という数がなくなったら，残りの集合は"＋"に対して閉じていない。なぜなら，1＋3の答えがその集合の中にないからである。
このように，＋に対して閉じた数の集合の中で，どのような法則が支配しているかを考えてみよう。

●——交換法則

数学に限らず，一般的に手続きというものは，順序をかえると，結果が異なってくることが多い。たとえば，"着物をぬぐ"という手続きをA，"風呂に入る"という手続きをBとしてみる。AをおこなってからBをおこなうのがふつうである。それをBをおこなってからAをおこなうと，結果はかなりちがってくる。このように，AとBのおこなう順序をかえるとちがった結果になるとき，AとBは**交換できない**，という。
以上の例からもわかるように，手続きというものは一般に順序の交換ができないものである。しかし，＋は順序をかえてもよいのである。
この交換法則はいまさらしらべるまでもないことであるが，しいて確かめようとすれば，図❸のようになるだろう。
一つの皿にリンゴが2つ，もう一つの皿に3つはいっている。これを左からかぞえると，2＋3になるし，これを右からかぞえると，3＋2になる。前にのべたように，"かぞえる順序を変えても数は変わらない"から，両方は同じ"5"になるのである。

$$2+3=3+2$$

これは2＋3にかぎらず，5＋7でも100＋200でもよい。どんな自然数でもよい。どんな数でもよいことは，文字を使うとはっきりと表わせる。

$$a+b=b+a$$

これが**加法の交換法則**である。

あらたまって一つの法則として出されると新しい事実のようにも思えるが，これはわれわれがふだん当たり前のこととして利用している事実である。

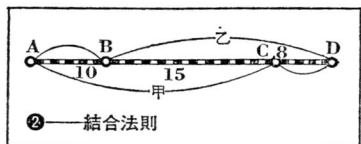

❶——交換法則

❷——結合法則

❷——結合法則

加法にはもう一つの法則がある。

まず，図❷のような場合を考えよう。A，B，C，Dという四つの駅がある。ABの間は10km，BCの間は15km，CDの間は8kmであるとする。甲という急行列車はAからBを通過し，CとDに停車するものとする。また，乙はAとBに停車し，Cを通過してDに停車するものとする。甲列車にのっている人はAとDの距離をつぎのように計算するだろう。

   ACは　　10+15=25
   ADは　　25+8=<u>33</u>

これを一つの式でかくと，

   (10+15)+8=25+8=<u>33</u>

しかし，乙列車にのっている人はつぎのようにやるだろう。

   BDは　　15+8=23
   ADは　　10+23=<u>33</u>

これを一つの式でかくと，

   10+(15+8)=10+23=<u>33</u>

ADの距離はどのやり方でやっても変わるはずはないから，次のような式が成り立つはずである。

   (10+15)+8=10+(15+8)

ここにでてくる三つの数は，10，15，8でなくても，どんな自然数でもよい。

   (2+3)+4=2+(3+4)
   (5+6)+9=5+(6+9)
   …………

これを文字で書くと，つぎのようになる。

   $(a+b)+c=a+(b+c)$

カッコは"1かたまりとみる"という意味だから，aとbをまず一かたまりとみて，その答えにcを加えたのと，bとcを一かたまりとみて，その答えをaに加えたのが等しいわけである。
この結合法則もふつうの計算に使われる。7+8をやるときもちょうど10になるように，7に8の中の3を加えて，残りの5を加えるのである。
$$7+8=7+(3+5)$$
ここで結合法則を使って，
$$=(7+3)+5=10+5=15$$
として答えがでる。
また，7+12などは，交換法則と結合法則を両方使う。
$$7+12=7+(10+2)$$
ここで結合法則をつかって，
$$=(7+10)+2$$
交換法則で，
$$=(10+7)+2$$
結合法則で，
$$=10+(7+2)=10+9=19$$
このような簡単な計算をやるにも，われわれは気づかずに交換法則と結合法則をつかっているのである。
では，わかりきった交換法則や結合法則をこと新しくもち出すのはなぜか，という疑問が自然におこってくる。その疑問はもっともであるが，ここでは，自然数からさらに進んで新しい数を考える上に必要となる，とだけいっておこう。

●──乗法

乗法，すなわち，掛け算のはじめの意味は加法のくりかえしである。
$$3\times4=3+3+3+3=12$$
つまり，乗法は加法のくりかえし，すなわち，**累加**である。少なくとも自然数を考えている間は"乗法＝累加"という公式がなり立つのである。分数になってくると，この公式はなり立たなくなるが……。
乗法は，4人の子どもに3枚ずつの紙を配る問題からはじまって，いろいろ複雑な計算に使われる。

乗法を3×4と書いたとき，**被乗数**，すなわち，かけられる数3は，**乗数**，すなわち，かける数4とは意味がちがっている。乗数4は"4回加える"という手続きの度数を意味するが，3のほうは加えるという手続きを受ける何かのものである。だから，3×4と書いたら，最初のうちは，3は"もの"で，4は"はたらき"である。だから，3は目にみえる具体物で，4は目に見えない抽象的なものであることが多い。

しかし，ヨーロッパでは，
$$3+3+3+3=4\times 3$$
と書いて，被乗数と乗数の順序を逆にしているところもある。これはヨーロッパのことばは動詞を先に，目的格の名詞を後にならべる習慣をもっているためであろうか。

●——乗法の交換法則

加法と同じように，乗法にも交換法則がある。乗法の交換法則は，
$$3\times 4=4\times 3$$
のように，乗数と被乗数の順序をかえても積は変わらない，ということである。
$$3\times 4=3+3+3+3$$
$$4\times 3=4+4+4$$
以上の二つが等しいということは，それほど明らかなこととは思えない。意味からいうと，4人の子どもに3本ずつのエンピツを配ると，
$$3\times 4=3+3+3+3$$
になる。これは3本ずつかためて配る場合である。しかし，配り方をかえて，1本ずつ配っていくことにしたら，式はちがってくる。1回目では4本，2回目では8本，3回目では12本になる。これは，
$$4+4+4=4\times 3$$
になる。両方の配り方でやっても，答えは同じだから，
$$3\times 4=4\times 3$$
である。けれども，交換法則を一目でわかるようにするには，図形を使うのがいちばんよい。

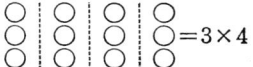

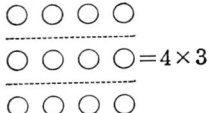

この二つは点線のいれかたがちがっているだけで，答えは同じである。あとで出てくるが，乗法の交換法則の成り立たないような変わった数があることがわかるだろう。そして，このような数が物質の秘密を解き明かすための力強い道具になっているのである。

●──乗法の結合法則

加法の結合法則をかくと，
$$(a+b)+c=a+(b+c)$$
となるが，ここで＋のかわりに×を書くと，乗法の結合法則になる。
$$(a\times b)\times c=a\times(b\times c)$$
たとえば，〝1日は何秒か〟という計算をやってみよう。この計算をやるには二つの方法がある。一つは次のやり方である。1時間は何秒か。
$$60\times60=3600(秒)$$
である。1日は，
$$3600\times24=86400(秒)$$
カッコを使って一度に書くと，
$$(60\times60)\times24=3600\times24=86400(秒)$$
もう一つは次のやり方である。1日は何分か。
$$60\times24=1440(分)$$
1日は何秒か。
$$60\times1440=86400(秒)$$
これを一つの式に書くと，
$$60\times(60\times24)=60\times1440=86400(秒)$$
以上，二通りの方法でやっても，答えはちがうはずはないのであるから，
$$(60\times60)\times24=60\times(60\times24)$$
ここで，60や24でなくても，どのような自然数をもってきてもよいわけだから，
$$(a\times b)\times c=a\times(b\times c)$$
×を省略すれば，

$$(ab)c = a(bc)$$

と文字で書ける。

結合法則などといわれると，さも珍しいことのように思われるだろうが，

	交換法則	結合法則
加法	$a+b=b+a$	$(a+b)+c=a+(b+c)$
乗法	$a\times b=b\times a$	$(a\times b)\times c=a\times(b\times c)$

❸——加法・乗法の類似性

事実は，この法則はだれでもふだん使っているものである。

$$200 \times 30 = 6000$$

という答えを出すにも，$200\times 10=2000$，$2000\times 3=6000$ と分けてやれるのは，結合法則があるからである。一つの式に書くと，

$$200\times 30 = 200\times(10\times 3) = (200\times 10)\times 3 = 2000\times 3 = 6000$$

となっているのである。

加法と乗法をくらべると，その間にはいちじるしい類似性のあることに気づくだろう——図❸。

この法則の類似性があるために，加法と乗法の橋渡しをする**対数**というものが考え出されるのである。加法と乗法の間にはもう一つの法則である分配法則がある。

●——分配法則

この法則には"分配"という名がついているから，分配の例をとってみよう。

「3人の男の子と2人の女の子に4つずつのミカンを分配すると，全体ではいくつになるか」

という問題をやるにも，二通りのやり方がある。一つはつぎのようにやる方法である。まず，人数を合計する。

$$3+2=5$$

そして，それをミカンの個数4にかける。

$$4\times 5=20$$

カッコを使って一つの式に書くと，

$$4\times(3+2)=4\times 5=20$$

もう一つはべつべつにかぞえるやり方である。男の子の分は，

$$4\times 3=12$$

女の子の分は，

$$4\times 2=8$$

I—数の系統 1

合計は，
　　　12＋8＝20
やはり，一つにまとめると，
　　　4×3＋4×2＝12＋8＝20
両方をくらべると，やり方はちがっても，結果は変わらないから，
　　　4×(3＋2)＝4×3＋4×2
これは 4，3，2 でなくとも，どんな自然数でも成り立つべきだから，
　　　$a×(b+c)=a×b+a×c$
この分配法則をひと目でわかるためには面積を使うとよい。たて a m，よこ b m の長方形と，たて a m，よこ c m の長方形が隣り合っている。これを仕切りを入れて計算すると——図❹，
　　　$a×b+a×c$
であるが，仕切りをとりはらって計算すると，
　　　$a×(b+c)$
であるから，
　　　$a×(b+c)=a×b+a×c$
となる。

● ——減法
反対の意味をもっている動詞はたくさんある。たとえば，
　　　行く———帰る
　　　出る———入る
　　　のぼる——くだる
　　　開く———閉じる
　　　…………
数学ではこれに当たるものとしては，まず，
　　　たす——ひく
がある。3 をたして，3 を引いたら，元どおりである。このような手続きを，数学では逆演算であるという。たとえば，〝かける〟と〝割る〟，〝2乗する〟と〝平方根をとる〟，〝微分〟と〝積分〟なども逆演算である。
さて，〝ひく〟は〝たす〟の逆演算であるにはちがいないが，計算するときは，いちおう独立した演算と考えてよい。5－2 は〝5から2をとる〟と

いう意味だから，別に＋がわかっていなくてもできるわけである。

しかし，5－2 を足し算と関係づけて理解することはできる。それは，何に 2 をたしたら 5 になるか，という問題である。

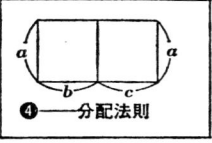
❹——分配法則

　　　5＝2＋□

この問題をとくために 5－2 がいるのだとすると，これは足し算から引き算を考えることである。

日本の商人はやらないが，外国の商人は釣り銭を勘定するのに，つぎのようにするそうである。

600 円の買物をして 1000 円札を出すと，商人は 600 円の品物を目の前においてから，100 円札を 1 枚ずつそれに加えて 700 円，800 円，……とやって，ちょうど合計が 1000 円になったら，それを 1000 円札と引きかえに渡すのだそうである。これは，

　　　1000＝600＋□

というように，たし算の逆をやっているものといってよいだろう。このような□をみつける計算として，

　　　1000－600＝400

が用いられるのだ，と考えてもよいだろう。

●——除法

－が＋の逆演算であるように，÷は×の逆演算である。

3×4＝12 という乗法で，被乗数の 3 がわからないときは，

　　　□×4＝12

となるが，これは"何に 4 をかけたら 12 になるか"という問題だから，12 を 4 つに等分する計算である。このような割り算を**等分除**という。[*1]

しかし，3×4＝12 の中で乗数の 4 がわからないときは，

　　　3×□＝12

となる。これは文章に直すと，"3 をいくつ集めると 12 になるか"あるいは"12 の中に 3 はいくつ含まれているか"というのだから，等分除とは意味がちがってくる。このような割り算を**包含除**といっている。[*1]

―――――――――
*1——英語では等分除を partition，包含除を quotition という。

計算になれてくると，等分除も包含除もだんだん区別がなくなってきて，両方とも自由に使えるようになるが，最初，除法の意味を考えるときはいちおう区別した方がよい。

等分除で"12を4つにわける"ことは，意味はわかりやすいが，計算はそれほど簡単ではない。12を4つの群に分けるためには，計算を知らない人だったら，まず，いいかげんに4つの群に分けてみて，等しくなっていなかったら，多いほうから少ないほうにまわしてやって等しくするという方法をとるほかはないだろう。

しかし，包含除の方は計算がもっとらくである。なぜなら，包含除は乗法の逆と考えなくても，直接，減法から考えられるからである。"12の中に3はいくつ含まれているか"という問題は，12から3をつぎつぎに引いていけばよいのである。

$$12-3=9$$
$$9-3=6$$
$$6-3=3$$
$$3-3=0$$

4回引けたので，4という答えがだせるのである。だから，包含除は減法のくりかえし，すなわち，**累減**と考えてよい。

公倍数と公約数

●——倍数と約数

答えが分数になることをみとめれば，どんな整数でも割り算ができる。しかし，分数の答えをみとめないことにすると，**割りきれる**かどうかが問題になる。たとえば，6は3で割りきれるが，8は3では割りきれない。ここでは主としてこの問題を考えていこう。

3で割りきれる数というのは，別のことばでいうと，3の倍数，つまり，3に整数をかけた数である。3の倍数を書きならべると，つぎのようになる。

　　　3, 6, 9, 12, 15, 18, 21, ……

これは，3×1, 3×2, 3×3, ……であるから，つぎつぎに3を加えていったものとみてよい。

　　　3＋3＋3＋3＋……

だから，3の倍数は3という一定の間隔で規則正しくならんでいる。そして，どこまでいってもきりがない。3の倍数は無限にあるのである。このことは3に限らず，2や4, 5, 6, ……など，どんな数でも成り立つことである。

　　　2の倍数——2, 4, 6, 8, 10, 12, ……
　　　3の倍数——3, 6, 9, 12, 15, 18, ……
　　　4の倍数——4, 8, 12, 16, 20, 24, ……
　　　　…………

ここで12は3の倍数であるが，この事実を3を主格として言い表わし

I—数の系統 1

たら，〝3 は 12 の約数である〟という。つまり，倍数と約数はおたがいに反対の考えである。これは親と子の関係と同じで，〝清盛は重盛の親である〟と〝重盛は清盛の子である〟は同じ事実をちがった言い方をしただけである。だから，次の三つの文章はまったく同じ意味である。

①――12 は 3 で割りきれる。
②――12 は 3 の倍数である。
③――3 は 12 の約数である。

ある数の約数はその数より小さいから，約数の数は無数にはない。たとえば，12 の約数は 1，2，3，4，6，12 で 6 個ある。また，15 の約数は 1，3，5，15 の 4 個である。1 と，その数自身はいつでも約数である。

問題1――100 以下で 7 の倍数はいくつあるか。
問題2――8，18，24 の約数をあげよ。

●――完全数と友好数

今日ではもう，一つの遊戯のようなものになってしまったのであるが，むかしは整数のもっているいろいろの性質が，何か神秘的な意味をもっていると信じられた時代があった。そのようなものの一つに完全数がある。たとえば，6 の約数をあげてみると，1，2，3，6 であるが，ここで自分自身を除いたすべての約数を加えると，

$$1+2+3=6$$

となって，6 自身となる。また，28 をためしてみると，

$$1, 2, 4, 7, 14, 28$$

で，28 を除いたすべてを加えると，

$$1+2+4+7+14=28$$

やはり，28 になる。このような数をピタゴラス(B.C. 580?―500?年)は**完全数**とよんだのである。6，28 のつぎには 496 が完全数である。こういう完全数が無数にあるかどうか，いまだに未解決である。また，今までにわかっている完全数はすべて偶数であるが，奇数のものがあるかどうかもわからない。

完全数と似たものに**友好数**というものがある。たとえば，220 と 284 の

約数を書きならべて和をつくってみる。

　　　220の約数——1, 2, 4, 5, 10, 11, 20, 22, 44, 55, 110, 220
220以外の和をつくると,

　　　$1+2+4+5+10+11+20+22+44+55+110=$ **284**

また, 284の約数をみつけると,

　　　1, 2, 4, 71, 142, 284

284以外の和は,

　　　$1+2+4+71+142=$ **220**

このように, 二つの数の約数の和をつくると, お互いどうしになっているのである。こんなところから友好数とよばれるようになったのであろう。

● ——公倍数

少し古い話になるが, 東洋では, 昔から十干十二支というのがあった。

　　　十干——甲, 乙, 丙, 丁, 戊, 己, 庚, 辛, 壬, 癸
　　　十二支——子, 丑, 寅, 卯, 辰, 巳, 午, 未, 申, 酉, 戌, 亥

である。十干は10年ごとに, 十二支は12年ごとにくりかえすのである。もしある年が十干のほうは甲で, 十二支のほうは子だったら, そのつぎに甲子になるのは何年後であろうか。

干のほうで甲になるのは, 10年後, 20年後, ……, つまり, 10の倍数である。また, 支のほうで子になるのは, 12年後, 24年後, ……, つまり, 12の倍数である。だから, 同時に甲子になるのは10の倍数であって, しかも, 同時に12の倍数になっているような数である。そのような共通の倍数は60, 120, ……である。このように, 二つまたはそれ以上の数の共通の倍数を, それらの数の**公倍数**という。つまり, 10と12の公倍数は60, 120, ……などである。

二つの数の公倍数をみつける直接の方法としては, 二つの数の倍数を書きならべて, その中から共通のものをえらび出せばよい。10と12の公倍数を求めてみよう。

　　　10の倍数——10, 20, 30, 40, 50, **60**, 70, 80, 90, 100, 110,
　　　　　　　　　120, 130, ……
　　　12の倍数——12, 24, 36, 48, **60**, 72, 84, 96, 108, **120**, 132,

144, ……

この中からえらび出した 60, 120, …… が 10 と 12 の公倍数である。三つ以上の数の公倍数も同様にやればよい。たとえば, 8, 12, 16 の公倍数はつぎのようにすれば見出せる。

 8 の倍数——8, 16, 24, 32, 40, **48**, 56, 64, 72, 80, 88, **96**, 104, ……
 12 の倍数——12, 24, 36, **48**, 60, 72, 84, **96**, 108, ……
 16 の倍数——16, 32, **48**, 64, 80, **96**, 112, 128, ……

共通の倍数としては, つぎのものがある。

 48, 96, ……

このように, 倍数が無数にあるのと同じく, **公倍数も無数にある**。だから, いくつかの数の公倍数を求めるといっても, 無数にある答えを書くのは手間のかかる仕事である。しかし, 以上の例をみると, 公倍数も, 倍数のように一定の間隔をへだてて規則正しくならんでいることがわかる。10 と 12 の公倍数でも, 最初の, したがって, **最小の公倍数 60** のつぎには, 120, 180, …… となっていて, すべて 60 の倍数である。それはなぜだろうか。その理由を考えてみよう。甲子が 60 年目にふたたびめぐってきて出発点の甲子になる。つまり, 出発点と同じ状態にかえるのである。だから, この年を新しい出発点と考えると, やはり, また 60 年目に甲子になる。これははじめからかぞえると, 120 年目である。このように 60 年目に同じ甲子がくり返すことになって, 60, 120, 180, …… が公倍数になることがわかる。60 のように最小の公倍数を **最小公倍数 (LCM)** という。

以上のことは, 10 と 12 に限らず, どんな数についても言える。つまり, **いくつかの数の公倍数はすべて最小公倍数の倍数になっている**。だから, 公倍数は無数にあるが, 最小公倍数をみつけると, それだけで他の公倍数はたやすくみつかる。しかし, 公倍数や最小公倍数をみつけるのに, 倍数を書きならべて共通のものをとる, というやり方は巧みな方法とは言えない。実際はもっと別の方法が使われる。

●——公約数

共通の倍数を公倍数と名づけたのなら, 共通の約数は **公約数** とよぶべき

であろう。12 と 18 の公約数を求めてみよう。

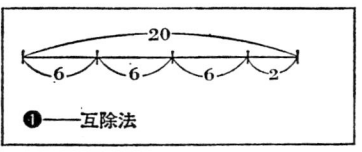
❶――互除法

　　12 の約数――**1**, **2**, **3**, 4, **6**, 12

　　18 の約数――**1**, **2**, **3**, **6**, 9, 18

共通のものは 1, 2, 3, 6 の 4 個である。三つ以上の数でも同じようにやればよい。27, 36, 45 の公約数を求めるには，

　　27 の約数――**1**, **3**, **9**, 27

　　36 の約数――**1**, 2, **3**, 4, 6, **9**, 12, 18, 36

　　45 の約数――**1**, **3**, 5, **9**, 15, 45

共通のものは，1, 3, 9 である。これが 27, 36, 45 の公約数である。公倍数では最小公倍数が重要であったが，公約数では最小公約数はいつでも 1 だから，たいして意味がない。反対に **最大公約数**(GCM)が重要である。

以上，二つの例をみると，公約数はすべて最大公約数の約数になっていることに気づくだろう。だから，公約数をみつけるには，何とかして最大公約数を探し出せば，他の公約数はその約数として自然に求められるはずである。

●――最大公約数の求め方

20 を 6 でわると，3 がたって 2 が余る。このことを式に書くと，どうなるだろうか。

長さ 20 m の紐から 6 m の紐が何本とれるか，というと，図❶のようになる。6 m ずつ切っていくと，3 本とれて 2 m 余る。だから，20 m は 6 m が 3 つと 2 m を合わせたものになる。

$$20 = 6 \times 3 + 2$$
被除数＝除数×商＋余り

余りの 2 はかならず除数の 6 より小さい。もしそうでなかったら，もう 1 本余分にとれるはずだからである。

この簡単な事実をもとにして考えていこう。**互除法**はこのような除法をくり返していって，最後に最大公約数を探し出す方法である。

39 と 93 の最大公約数を互除法で求めてみよう。

①――まず小さい 39 で大きい 93 を割る。

```
      2
39) 93
    78
    ──
    15
```

②――余りの 15 で 39 を割る。

```
      2
15) 39
    30
    ──
     9
```

③――余りの 9 で 15 を割る。

```
     1
9) 15
    9
   ──
    6
```

④――余りの 6 で 9 を割る。

```
     1
6) 9
   6
   ──
   3
```

⑤――余りの 3 で 6 を割る。

```
     2
3) 6
   6
   ──
   0
```

割りきれた！　ここでやめる。このときの除数 3 が 39 と 93 の最大公約数である。このようにして互いに割り算をして，割りきれるまでやっていけば，どんな数の最大公約数でもみつかる。

問題 1――互除法で，つぎの各組の最大公約数を求めよ。
　　(1)　15, 20　　(2)　42, 70　　(3)　103, 30

以上のように，互除法で求めた最後の 3 はなぜ最大公約数になるかを考えよう。①から⑤までの段階を式で書くと，次のようになる。

①―― $93 = 39 \times 2 + 15$
②―― $39 = 15 \times 2 + 9$
③―― $15 = 9 \times 1 + 6$
④―― $9 = 6 \times 1 + 3$
⑤―― $6 = 3 \times 2$

まず3が公約数であることを示そう。そのために，

　　　　被除数＝除数×商＋余り

の式で，〝除数と余りがある数で割りきれると，被除数も，その数で割りきれる〟ことを利用する――図❷。⑤からはじめよう。

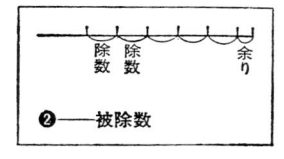

⑤――$6=3×2$ で，6 は 3 で割りきれる。
④――$9=6×1+3$ で，6 と 3 が 3 で割りきれるから，9 は 3 で割りきれる。
③――$15=9×1+6$ で，9 と 6 が 3 で割りきれるから，15 は 3 で割りきれる。
②――$39=15×2+9$ で，15 と 9 が 3 で割りきれるから，39 は 3 で割りきれる。
①――$93=39×2+15$ で，39 と 15 が 3 で割りきれるから，93 は 3 で割りきれる。

このようにして最後に 39 と 93 が 3 で割りきれることがわかった。しかし，これでは 3 が公約数であることはわかっても，まだ，**最大公約数**であることはわからない。つぎにそのことを確かめよう。そのために，39 と 93 の勝手な公約数をかりに a としよう。こんどは，被除数と除数がある数 a で割りきれると，余りもその数で割りきれる，という事実を利用する。

①――$93=39×2+15$ で，a は 93 と 39 を割りきるから，a は 15 を割りきる。
②――$39=15×2+9$ で，a は 39 と 15 を割りきるから，a は 9 を割りきる。
③――$15=9×1+6$ で，a は 15 と 9 を割りきるから，a は 6 を割りきる。
④――$9=6×1+3$ で，a は 9 と 6 を割りきるから，a は 3 を割りきる。

結局，ここで勝手な公約数は 3 を割りきることがわかった。だから，3 はどんな公約数よりも小さくなることはない。つまり，最大公約数である。このことからついでにつぎのこともわかった。

"最大公約数は勝手な公約数で割りきれる"

三つ以上の数の最大公約数は，二つずつの最大公約数と，つぎの数を組み合わせて，つぎつぎに最大公約数をつくっていけばよい。たとえば，12，18，21 の最大公約数を求めるには，つぎのようにする。

①——まず，12 と 18 の最大公約数を求める。6 である。
②——6 と 21 の最大公約数を求める。3 である。この 3 が答えになる。

問題 1——次の各組の最大公約数を互除法で求めた上で，すべての公約数を求めよ。
　　　(1)　60, 84　　(2)　128, 336　　(3)　17, 40　　(4)　32, 56, 68

●——最大公約数の性質

互除法で，18 と 27 の最大公約数を求めると 9 になる。これを具体的な問題に直すと，18 m と 27 m の最大公約数は 9 m である。もしこの計算を cm でやったとしたら，1800 cm と 2700 cm の最大公約数は 900 cm となる。つまり，

　　　18 と 27 の最大公約数が 9

であったら，

　　　1800 と 2700 の最大公約数は 900

つまり，二つの数を 100 倍すると，それにつれて最大公約数も 100 倍される。18 と 27 の最大公約数を $(18, 27)$ と書くと，

　　　$(18, 27) = 9$

となる。上のことを式に書くと，

　　　$(1800, 2700) = 900$

このことは 100 倍でなくても，何倍してもよい。文字で書くと，

　　　$(a, b) = d$

なら，両方に c をかけて，

　　　$(ac, bc) = cd$

となるわけである。あるいは，

　　　$(a, b)c = (ac, bc)$

となる。逆に割ってもよいのだから，

$$(a,\ b) \div c = \left(\frac{a}{c},\ \frac{b}{c}\right)$$

これは二つ以上の数の最大公約数についてもなり立つ。
$$(am,\ bm,\ cm,\ dm,\ \cdots\cdots) = m(a,\ b,\ c,\ d,\ \cdots\cdots)$$
ことばでいうと，次のようになる。

　　　　"おのおのの数に同じ数をかけたものの最大公約数は，もとの数の最大公約数にその数をかけたものに等しい。同じ数で割る場合も同じである"

この規則を使って最大公約数を求める方法がある。60と84の最大公約数を求めてみよう。

```
2) 60, 84        (60, 84)
2) 30, 42       = 2(30, 42)
3) 15, 21       = 2・2(15, 21)
   5,  7        = 2・2・3(5, 7)
                = 2・2・3・1 = 2・2・3 = 12
```

ここで5と7の最大公約数は1である。
$$(5,\ 7) = 1$$

だから，答えは $2 \cdot 2 \cdot 3 = 12$ である。つまり，おのおのの数を書きならべて，階段式に割っていって，1以外の公約数がなくなるまでやったところでやめる。このとき，左側にある除数を全部かけ合わせるのである。三つ以上でも同じにやればよい。

例──54, 90, 126 の最大公約数を求めよ。

解──
```
2) 54, 90, 126
3) 27, 45,  63
3)  9, 15,  21
    3,  5,   7
```

3, 5, 7には，もう1以外の公約数はないから，ここでやめる。左側の除数を掛け合わせると，
$$2 \cdot 3 \cdot 3 = 18$$
この18が最大公約数である。

問題1──階段式で，次の各組の最大公約数を求めよ。
　　　(1)　168, 294　　(2)　32, 60　　(3)　75, 45, 105

素数

●――互いに素な数

たとえば，15 と 22 の最大公約数を求めると，1 になる。このような二つの数は，共通の約数といったら，1 という最小限の約数しかない。このように最大公約数が 1 となる二つの数を互いに素であるという。

7 は 8 と互いに素であり，15 もまた 8 と互いに素である。ところが，7 と 15 の積 $7 \times 15 = 105$ もまた 8 と互いに素になっている。このことは一般的にもいえるだろうか。このことを考えてみよう。

一般的に，a, b がともに m と互いに素であるとき，ab も m と互いに素であろうか。答えはそうなるのである。そのためには，$(a, m) = 1$, $(b, m) = 1$ から $(ab, m) = 1$ を導き出せばよい。ab と m の最大公約数 (ab, m) は bm の約数にもなっているから，

$$(ab, m) = (ab, m, bm)$$

ここで，ab, m, bm の最大公約数は ab と bm の最大公約数をみつけて，その数と m の最大公約数をみつければよい。ところが，

$$(ab, bm) = b(a, m) = b \times 1 = b$$

だから，上の式は

$$(ab, m) = (b, m)$$

となる。しかるに，これは b, m が互いに素だから，

$$= 1$$

すなわち，次のことがわかった。

"a, b がともに m と互いに素なら，その積 ab も m と互いに素である"

これは二つの数と限らず,三つ以上の数についてもいえる。$a, b, c, \cdots$ がみな m と互いに素だったら,それらの積 $abc\cdots$ も m と互いに素である。これを確かめるには,まず ab が m と互いに素,つぎに $(ab)c$ が m と互いに素というように,つぎつぎに積をつくっていけばよい。

問題1——12より小で,12と互いに素な数をすべてつくって,それらの積がすべて12と互いに素であることを確かめよ。

●——素数

12のような数は約数が 1, 2, 3, 4, 6, 12 とあって,全部で6個ある。しかし,13は,約数といっては1, 13だけで,2個しかない。このように,13は1と自身以外に約数はない。このように1と,それ自身のほかに約数のない数を**素数**という。だから,素数は約数のいちばん少ない数だといってもよい。しかし,**1は素数のなかまには入れないことにする**。20以下の素数をあげてみると,次のようなものである。

  2, 3, 5, 7, 11, 13, 17, 19

素数でない数はもっと小さい約数があるから,それらの約数の積にわかれる。たとえば,

  $6 = 2 \cdot 3$ $12 = 2 \cdot 6$ $42 = 6 \cdot 7$

このように,約数の積に分けていくと,最後には素数だけになる。60を分けていくと,

  $60 = 2 \cdot 30 = 2 \cdot 2 \cdot 15 = 2 \cdot 2 \cdot 3 \cdot 5$

$2 \cdot 2 \cdot 3 \cdot 5$ はすべて素数だけであるから,これ以上,小さいものには分かれない。だから,次のことがいえる。

  〝すべての整数は素数だけの積として表わされる〟

このように,一つの数を素数だけの積として表わすことを**素因数に分解する**という。因数とは積をつくっているおのおのの数のことである。

  積＝因数×因数×……

問題1——次の数を素因数に分解せよ。

  72, 32, 49, 91, 69

❸──素数の分布

素数をつぎつぎに書きならべていくと，100までは25個，1000までは168個ある。こうしていくと，素数はどこまでも限りなくあるだろうか。それとも，どこかでなくなるだろうか。これに対してはつぎのことがわかっている。

　　　　"素数は無限にある"

今から2000年以上まえに生まれたギリシアのユークリッドは，このことを次のようにして証明した。彼は目標とは反対のことを仮定して，その仮定から誤った結論を引き出して，最初の目標が正しいことを間接に証明する方法，すなわち，**帰謬法**を用いた。

まず目標とは反対に，"素数は有限個ある"ということを仮定しよう。それらの素数全部を，

　　　$2, 3, 5, \cdots\cdots, a$

としよう。ここで，

　　　$n = 2\cdot3\cdot5\cdot\cdots\cdots\cdot a + 1$

という数をつくってみよう。$2\cdot3\cdot5\cdot\cdots\cdots\cdot a$ はすべての素数で割りきれるから，n は $2, 3, 5, \cdots\cdots, a$ の素数では割りきれない。n を素因数分解すると，その素因数は $2, 3, 5, \cdots\cdots, a$ のどれでもないことになる。つまり，これで全部だといった $2, 3, 5, \cdots\cdots, a$ のほかにもまた素数があることになる。これは明らかに不合理である。だから，最初の仮定はあやまりで，結局は反対の"無限にある"ということが正しいことになった。

以上のようにして，素数が無限にあることはわかったが，それはいったいどのようにならんでいるだろうか。ある数以下にある素数の数を簡単に見分ける方法はないだろうか。この問題は数学の中でも重要な研究題目であるが，まだ満足には解決されていない。次に素数をみつける簡単な方法をのべよう。

❹──エラトステネスのふるい

素数というものは自分より小さい数(1でない)の倍数になっていない数である。だから，より小さい数の倍数を除いたら，残ったものが素数になるわけである。この点に着目して工夫されたのがエラトステネスのふるい

である。これを工夫したエラトステネス(B. C. 276?—194?年)はアレキサンドリアで活動していた数学者，地理学者であった。

50までの素数を見出すには，まず50までの数を書きならべる。

  2, 3, 4, 5, 6, 7, 8, 9, 10, 11, 12, 13, 14, 15, 16, 17,
  18, 19, 20, 21, 22, 23, 24, 25, 26, 27, 28, 29, 30, 31,
  32, 33, 34, 35, 36, 37, 38, 39, 40, 41, 42, 43, 44, 45,
  46, 47, 48, 49, 50

2が最初の素数であることは明らかである。そこでまず2の倍数を消す。

  2, 3, ~~4~~, 5, ~~6~~, 7, ~~8~~, 9, ~~10~~, 11, ~~12~~, 13, ~~14~~, ……

残った数の中で，最初の数3はつぎの素数である。こんどは3の倍数を消す。残った数のうち最初の数5がつぎの素数である。このようにして7までいくと，つぎのようになる。

  2, 3, ~~4~~, 5, ~~6~~, 7, ~~8~~, ~~9~~, ~~10~~, 11, ~~12~~, 13, ~~14~~, ~~15~~, ~~16~~, 17,
  ~~18~~, 19, ~~20~~, ~~21~~, ~~22~~, 23, ~~24~~, ~~25~~, ~~26~~, ~~27~~, ~~28~~, 29, ~~30~~, 31,
  ~~32~~, ~~33~~, ~~34~~, ~~35~~, ~~36~~, 37, ~~38~~, ~~39~~, ~~40~~, 41, ~~42~~, 43, ~~44~~, ~~45~~,
  ~~46~~, 47, ~~48~~, ~~49~~, ~~50~~

ここで，つぎの素数11の倍数を消していかねばならないが，その必要はない。なぜなら，50以下の数で11の倍数になっている数は，すでに11以下の数の倍数になっていて，消されているからである。

  $a = 11 \times \square$

のとき，$\square$ は $\frac{50}{11}$ より小さいからである。

一般的にいって，n までの素数をみつけるときは，$\sqrt{n}$ までの素数の倍数を消していけばよいのである。n が100だったら，$\sqrt{100} = 10$ までの素数，1000だったら，$\sqrt{1000} = 31.\cdots\cdots$ で，31以下の素数の倍数を消せばよい。

問題1——エラトステネスのふるいを使って200までの素数を求めよ。

●——素因数分解の一意性

あらゆる整数は素因数に分解される。しかし，最後の分解にたどりつくしかたは一通りではない。たとえば，60を素因数に分解するのに，ある人はつぎのようにやるだろう。もちろん，同じ因数が現われたら，まと

めて累乗の形に書いておく。

$60 = 2 \cdot 30 = 2 \cdot 2 \cdot 15 = 2 \cdot 2 \cdot 3 \cdot 5 = 2^2 \cdot 3 \cdot 5$

しかし，他の人はつぎのようにやるかもしれない。

$60 = 5 \cdot 12 = 5 \cdot 3 \cdot 4 = 5 \cdot 3 \cdot 2 \cdot 2 = 5 \cdot 3 \cdot 2^2$

だが，最後の結果をくらべてみると，順序はちがっているが，でてきた素因数は同じものである。

ところが，いつでもこんなことがいえるだろうか。すなわち，整数はどんな経路で分解しても，最後には同じ素因数に分かれるだろうか。いつでもそうなるというのが，素因数分解の一意性の定理である。

　　　〝**整数の素因数分解は，因数の順序は別として，一通りしかない**〟

この定理は整数論でもっとも重要なものの一つである。この定理の証明をやってみよう。n を素因数に分解して，二通りのちがった分解ができたものと仮定しよう。

$n = abc \cdots\cdots k$
$n = a'b'c' \cdots\cdots l'$

したがって，

$abc \cdots\cdots k = a'b'c' \cdots\cdots l'$

ここで，$a, b, c, \cdots\cdots k$ も $a', b', c', \cdots\cdots l'$ もすべて素数とする。もし $a, b, c, \cdots\cdots k$ と $a', b', c', \cdots\cdots l'$ の双方に共通の素数があったら，両辺をその素数で割っていく。そして，もう共通の素数がなくなったものとする。もし全部同じであったら，$1 = 1$ となるが，分解のしかたがちがうから，$1 = 1$ とはならない。そこで，

$abc \cdots\cdots k = a'b'c' \cdots\cdots l'$

の両辺には共通のものはないとする。このとき，右辺の $a', b', c', \cdots\cdots l'$ は a とちがった素数だから，a とは互いに素である。だから，その積 $a'b'c' \cdots\cdots l'$ は a とは互いに素である。しかし，式からいうと，$a'b'c' \cdots\cdots l'$ は a で割りきれる。これは不合理であるが，この不合理は分解のしかたが一通りでない，と仮定したからである。だから，帰謬法によって，分解は一通りであるべきである。

素数はそれ以上，分解できない数だから，化学の元素のようなものである。H や O はそれ以上，分解できないのである。だから，化合物を分子式で書き表わすことは，素因数分解と似たものである。$12 = 2^2 \cdot 3$ は

水＝H_2O と同じ考え方にもとづいている。分子式が化合物の性質を知る上に重要であるのと同じく，素因数分解は整数の性質を知るために大切な手段となる。

●──約数の素因数分解

a が b の約数で，素因数分解がそれぞれ次のようであるとき，
$$a = p_1^{\alpha_1} p_2^{\alpha_2} \cdots\cdots p_k^{\alpha_k}$$
$$b = p_1^{\beta_1} p_2^{\beta_2} \cdots\cdots p_k^{\beta_k}$$

a の指数は b の指数を越えることはない。
$$\alpha_1 \leqq \beta_1, \quad \alpha_2 \leqq \beta_2, \quad \cdots\cdots, \quad \alpha_k \leqq \beta_k$$

これを証明しよう。a が b の約数だから，
$$b = ac$$

とかける。c はある整数である。c の素因数分解を，
$$c = p_1^{\gamma_1} p_2^{\gamma_2} \cdots\cdots p_k^{\gamma_k}$$

とする。$b = ac$ から，
$$p_1^{\beta_1} p_2^{\beta_2} \cdots\cdots p_k^{\beta_k} = (p_1^{\alpha_1} p_2^{\alpha_2} \cdots\cdots p_k^{\alpha_k}) \cdot (p_1^{\gamma_1} p_2^{\gamma_2} \cdots\cdots p_k^{\gamma_k})$$
$$= p_1^{\alpha_1 + \gamma_1} p_2^{\alpha_2 + \gamma_2} \cdots\cdots p_k^{\alpha_k + \gamma_k}$$

両辺をくらべると，一意性の定理から，指数はみな等しくなければならない。
$$\beta_1 = \alpha_1 + \gamma_1, \quad \beta_2 = \alpha_2 + \gamma_2, \quad \cdots\cdots, \quad \beta_k = \alpha_k + \gamma_k$$

だから，つぎのようになる。
$$\alpha_1 \leqq \beta_1, \quad \alpha_2 \leqq \beta_2, \quad \cdots\cdots, \quad \alpha_k \leqq \beta_k$$

例──24 の素因数分解を行なって，それによってすべての約数を求めよ。

解──24 の素因数分解は，
$$24 = 2^3 \cdot 3$$

である。だから，約数は $2^{\alpha_1} \cdot 3^{\alpha_2}$ の形である。$0 \leqq \alpha_1 \leqq 3, \quad 0 \leqq \alpha_2 \leqq 1$

$\alpha_1 = 3, \alpha_2 = 1 \cdots\cdots 2^3 \cdot 3^1 = 24 \qquad \alpha_1 = 2, \alpha_2 = 1 \cdots\cdots 2^2 \cdot 3^1 = 12$

$\alpha_1 = 1, \alpha_2 = 1 \cdots\cdots 2^1 \cdot 3^1 = 6 \qquad \alpha_1 = 0, \alpha_2 = 1 \cdots\cdots 2^0 \cdot 3^1 = 3$

$\alpha_1 = 3, \alpha_2 = 0 \cdots\cdots 2^3 \cdot 3^0 = 8 \qquad \alpha_1 = 2, \alpha_2 = 0 \cdots\cdots 2^2 \cdot 3^0 = 4$

$\alpha_1 = 1, \alpha_2 = 0 \cdots\cdots 2^1 \cdot 3^0 = 2 \qquad \alpha_1 = 0, \alpha_2 = 0 \cdots\cdots 2^0 \cdot 3^0 = 1$

全部で $4 \times 2 = 8$ 個の約数がある。この方法によると，系統的にすべて

の約数を見つけることができる。

例── 17296 と 18416 を素因数に分解すると，次のようになる。
　　　　$17296 = 2^4 \cdot 23 \cdot 47$　　　$18416 = 2^4 \cdot 1151$
これを利用して，二つの数が友好数であることを示せ。

解── 17296 の約数を表にすると，

$17296 = 2^4 \cdot 23 \cdot 47$	$2^4 \cdot 47$	$2^4 \cdot 23$	2^4
$2^3 \cdot 23 \cdot 47$	$2^3 \cdot 47$	$2^3 \cdot 23$	2^3
$2^2 \cdot 23 \cdot 47$	$2^2 \cdot 47$	$2^2 \cdot 23$	2^2
$2 \cdot 23 \cdot 47$	$2 \cdot 47$	$2 \cdot 23$	2
$+\ \ \ 23 \cdot 47$	47	23	1
$31 \cdot 23 \cdot 47$	$31 \cdot 47$	$31 \cdot 23$	31

合計すると，
　　　　$31 \cdot (23+1)(47+1) = 31 \cdot 24 \cdot 48 = 35712$
その数自身を引くと，
　　　　$35712 - 17296 = \mathbf{18416}$

18416 の約数を表にすると，

$2^4 \cdot 1151$	2^4
$2^3 \cdot 1151$	2^3
$2^2 \cdot 1151$	2^2
$2 \cdot 1151$	2
$+\ \ \ 1151$	1
$31 \cdot 1151$	31

合計すると，
　　　　$31 \cdot (1151+1) = 31 \cdot 1152 = 35712$
その数自身を引くと，
　　　　$35712 - 18416 = \mathbf{17296}$

また，このことを一般化すると，a のすべての約数の個数は，
　　　　$a = p_1^{\alpha_1} p_2^{\alpha_2} \cdots\cdots p_k^{\alpha_k}$
のとき，$(\alpha_1+1)(\alpha_2+1)\cdots\cdots(\alpha_k+1)$ である。

例── 360 を素因数に分解して，約数の個数を求めよ。

解──
$$360 = 2^3 \cdot 3^2 \cdot 5$$
約数の個数は，$(3+1)(2+1)(1+1) = 4 \cdot 3 \cdot 2 = 24$ で，24個である。

問題1──素因数分解によって次の数のすべての約数を求めよ。また，約数の個数はどうか。
　　　30,　48,　180

●──最大公約数と最小公倍数の求め方

素因数分解がわかっていると，最大公約数と最小公倍数を見つけることが簡単にできる。36，48 の素因数分解は，
$$36 = 2^2 \cdot 3^2$$
$$48 = 2^4 \cdot 3$$
である。ここで，2 の指数をくらべると，2 と 4 である。このとき，小さいほうをとると 2，つぎに 3 の指数をくらべると 2 と 1 である。小さいほうは 1 である。だから，小さいほうの指数だけで積をつくると，
$$2^2 \cdot 3 = 12$$
これが最大公約数である。反対に指数の大きいほうをとると，2 の指数は 4，3 の指数は 2 である。積をつくると，
$$2^4 \cdot 3^2 = 144$$
となり，一般につぎのことがいえる。

　　〝二つの整数の素因数分解を比べて，おのおのの素数の指数の小さいほうをとって積をつくれば，最大公約数が得られ，指数の大きい方をとって積をつくると，最小公倍数が得られる〟

例──$540 = 2^2 \cdot 3^3 \cdot 5$ と $600 = 2^3 \cdot 3 \cdot 5^2$ との最大公約数と最小公倍数を求めよ。

解──
$$540 = 2^2 \cdot 3^3 \cdot 5$$
$$600 = 2^3 \cdot 3 \cdot 5^2$$

──でつないだものが最大公約数である。
$$2^2 \cdot 3 \cdot 5 = 60。$$

———でつないだものが最小公倍数である。

$$2^3 \cdot 3^3 \cdot 5^2 = 5400$$

ここで，540 と 600 の積をつくり，順序を入れかえると，最大公約数と最小公倍数の積になっている。

$$540 \cdot 600 = \underbrace{(2^2 \cdot 3^3 \cdot 5) \cdot (2^3 \cdot 3 \cdot 5^2)}_{\text{最大公約数}}^{\text{最小公倍数}} = (2^2 \cdot 3 \cdot 5) \cdot (2^3 \cdot 3^3 \cdot 5^2)$$

$$= (最大公約数) \cdot (最小公倍数)$$

このことは 540 と 600 の場合に限らず，どんな場合にもいえることである。

　　"二つの数の積は最大公約数と最小公倍数の積に等しい"

　　"二つの数を a, b, 最大公約数を d, 最小公倍数を m とすると，

$$ab = md"$$

この規則を使って最大公約数を求めると，最小公倍数がただちにみつかる。上の式から，

$$m = \frac{ab}{d} = \frac{a}{d} \cdot b = a \cdot \frac{b}{d}$$

である。つまり，二つの数の積を最大公約数で割れば，最小公倍数になる。または，一つの数を最大公約数で割って，それをもう一つの数と掛け合わせると，最小公倍数になる。

例——60 と 84 の最大公約数を求めて，それから最小公倍数を求めよ。
解——60 と 84 の最大公約数は互除法によって 12 であることがわかる。

```
60|84|1
   60
   24|60|2
      48
      12|24|2
         24
          0
```

最小公倍数 $= \dfrac{60}{12} \cdot 84 = 5 \cdot 84 = 420$

I―数の系統1

II──数の系統2──分数と正負の数

●──整数を掛ければ、答えはかならず元の数よりふえる。1を掛けた場合には元と同じになるが、それでも、元より減ることは絶対になかった。
しかし、分数を掛けると減るのである。これはどうしたことだろうか。じつは、この疑問は2300年前までは大論争のまとであった。──54ページ「分数の演算」

●──共通の分母に積をとるやり方をやめて、最小公倍数をとるやり方に変わったのはそれほど昔ではない。12世紀に生まれたバスカラも、中世のレオナルドも積を共通の分母にとるやり方を使っていた。積をとる方法が一般的にすたれてきたのはやっと17世紀になってからである。こんな話をきくと、人間の知恵もあんがい進み方が遅いという気がする。──52ページ「分数の意味」

分数の意味

●──整数と分数

ものの個数をかぞえるときには自然数だけでたりた。1,2,3,4,……という自然数さえ知っていれば，かぞえることができた。しかし，半ばなのや分割のできるものをはかるには，さらに分数がいる。

人間が野獣や魚をつかまえたり，野生の木の実を拾って命をつないでいた旧石器時代から一段と進んで，野獣を飼いならして牧畜を行ない，植物を育てて農業をいとなむような新石器時代に入ると，数に対する要求も一段と高いものになってきたことだろう。たんにものの**数をかぞえる**だけではなく，ものの**量をはかる**必要が起こってくる。

今から5000年ばかり前に文化の花をさかせた古代エジプトでもバビロニヤでも，量をはかるための分数が使われていた。アーメスのパピルスには，つぎのような問題がある。

「パン6個を10人で分けよ」

これはパンを分割できるものと考えて出した問題である。そのほかのところでも，アーメスのパピルスは分数の計算が多数を占めている。これはエジプトのような古代の農業国家で，どの程度，分数計算が必要であったかを物語っている。しかし，古代エジプトの分数の考え方は，現代人とはだいぶちがっていた。彼らは分数をすべて**単位分数**の集まりと考えた。

●──単位分数

単位分数というのは1をいくつかに等分したものの一つである。つまり，分子が1の分数で，$\frac{1}{2}$，$\frac{1}{3}$，$\frac{1}{4}$，……が単位分数である。象形文字では，自然数の上に◯という記号を書いて単位分数を表わした。$\frac{1}{5}$，$\frac{1}{10}$，$\frac{1}{30}$，……は図❶のように表わされたのである。このように単位分数に対しては特別な字をもっていたが，それ以外の分数には$\frac{2}{3}$を◯で表わしたほかは特別な字がなかったのである。たとえば，"5で2を割ること"という問題は，

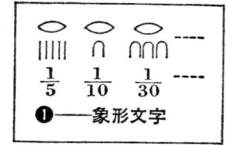

$$\frac{2}{5}=\frac{1}{3}+\frac{1}{15}$$

というように，単位分数をよせ集めたものとして書き表わした。そして，$\frac{2}{3}$，$\frac{2}{5}$，$\frac{2}{7}$，……からはじめて$\frac{2}{101}$までを単位分数で表わした表をつくっている。その中で$\frac{2}{13}$などは，

$$\frac{2}{13}=\frac{1}{8}+\frac{1}{52}+\frac{1}{104}$$

というように複雑なものである。今日だったら，$\frac{2}{5}$は，

$$\frac{2}{5}=\frac{1}{5}+\frac{1}{5}$$

と同じ単位分数の和として書き表わせるので，べつに面倒なことはないが，エジプト人は$\frac{1}{3}$や$\frac{1}{15}$のように異なった単位分数の和で書き表わすのだから，たいへん骨を折ったのであろう。

●──分数の二つの意味

古代エジプト人によると，5で2を割ったものが$\frac{1}{3}+\frac{1}{15}$になるというのであるが，現代人は5で2を割ると，$\frac{1}{5}$を2個加えたものと考えて，

$$2\div 5=\frac{1}{5}+\frac{1}{5}$$

と書くであろう。このように，$\frac{2}{5}$は二つの意味をもっているのである。それは，

①──5で2を割ったもの
②──$\frac{1}{5}$を2倍したもの

❷——重ねて切る

❸——分数の変形①　$\frac{3}{5}$

❹——分数の変形②　$\frac{6}{10}$

❺——分数の変形③

$\frac{3}{5}$　$\frac{3}{5}$

$\frac{6}{10}$　$\frac{3\times2}{5\times2}$

$\frac{9}{15}$　$\frac{3\times3}{5\times3}$

$\frac{12}{20}$　$\frac{3\times4}{5\times4}$

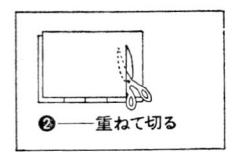

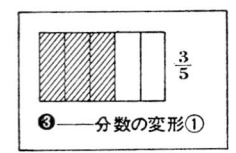

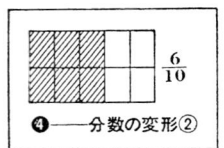

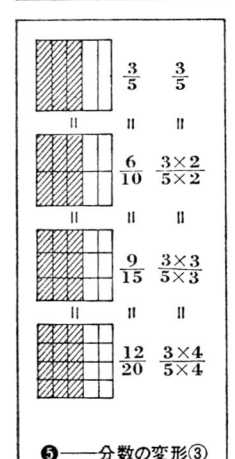

の二つである。この二つは、考え方としては異なっているが、結果としては同じものである。二つが同じであることをつぎに確かめよう。

2枚の紙を5つに分けてみる。そのために2枚を重ねて切る——図❷。その結果として $\frac{1}{5}$ の紙きれが2枚できるだろう。このことから、

$$2\div5=\frac{1}{5}+\frac{1}{5}=\frac{1}{5}\times2$$

ということがわかる。このことがわかると、古代エジプト人のように、わざわざ面倒な $\frac{1}{3}+\frac{1}{15}$ を考える必要はないのである。今日の見方からすると、エジプト人はまったくむだな骨折りをしていたことになる。

● ——分数の変形

整数だったら、一つの数を表わす方法は一通りしかない。"二百六十三"といえば、263 しかない。しかし、分数になると、そうはいかない。すなわち、同じ大きさの分数でありながら、その表わし方はいろいろと異なったものがあるのである。たとえば、半分を表わすのは $\frac{1}{2}$ だけではなく、$\frac{2}{4}$, $\frac{3}{6}$, $\frac{4}{8}$, ……というように無数の形があるのである。分数の理解がむずかしい理由はここにもある。分数の大きさを変えないで、形を変えていくときの規則をのべてみよう。

$\frac{3}{5}$ を半紙をたてに折ったもので表わすと、図❸のとおりである。これを横に二つに折ると、図❹になる。このとき、斜線の部分は $\frac{6}{10}$ になる。つぎに三つに折ると、$\frac{9}{15}$ となり、四つに折ると、$\frac{12}{20}$ になる——図❺。このことからつぎのことがわかる。

　　"分数の分母と分子に同じ数を掛けても、分数の大きさは変わらない"

これはものが変わらないで形だけが変わるのだから、同じ水が氷になったり、水蒸気になったりするのとよく似ている。このことを反対に考えると、$\frac{12}{20}$ の分母と分子を同じ4で割って $\frac{3}{5}$ になったものと考えてよい。

$$\frac{3}{5}=\frac{12}{20}, \quad \frac{12}{20}=\frac{12\div 4}{20\div 4}=\frac{3}{5}$$

だから，つぎのこともいえる。

"分数の分母と分子を同じ数で割っても，分数の大きさは変わらない"

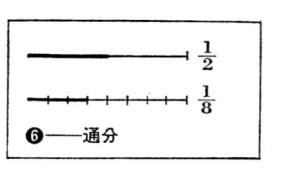

分数の分母と分子を同じ数で割って，分数の形をかえることを**約分**するという。割ると，分母も分子も小さくなるので，分数の形は簡単になる。だから，約分は分数の形を簡単にするときに使われる。

❻——通分

●——分数の大小

二つの整数をくらべると，どちらが大きく，どちらが小さいかは一見してわかる。しかし，分数は一見しただけでは大小を見分けることのできない場合がある。

$\frac{2}{5}$と$\frac{4}{5}$のように，分母が同じ5になっている同分母の場合には$\frac{1}{5}$を2倍したものと，同じ$\frac{1}{5}$を4倍したものだから，$\frac{2}{5}$の方が小さく，$\frac{4}{5}$が大きいことがたやすくわかる。

$$\frac{2}{5}=\frac{1}{5}\times 2 \qquad \frac{4}{5}=\frac{1}{5}\times 4$$

また，$\frac{2}{7}$と$\frac{2}{9}$のように分子が同じ2で分母がちがっている場合にも，大小を見分けることは容易である。なぜなら，

$$\frac{2}{7}=2\div 7, \qquad \frac{2}{9}=2\div 9$$

で，同じ2を7等分したものと，9等分したものとでは，7等分したものの方が大きく，9等分したものの方が小さい。

$$\frac{2}{7}>\frac{2}{9}$$

だから，つぎのことが言える。

"二つの分数の分母が等しいときは，分子の大きい方が大きく，分子の小さい方が小さい。また，分子が等しいときは，反対に分母の大きい方が小さく，分母の小さい方が大きい"

しかし，問題は分母も分子も異なっている場合である。たとえば，$\frac{2}{7}$と$\frac{3}{8}$などでは分母も分子も一方の方が大きいので，すぐには見当がつかない。だから，大小を見分けるには少しばかり計算がいる。

まず，$\frac{1}{2}$と$\frac{3}{8}$をくらべてみよう——図❻。

このとき，$\frac{1}{2}$をさらに4等分してみると，$\frac{4}{8}$になって$\frac{3}{8}$と比較で

きる。つまり，同分母にできるので，$\frac{4}{8}$，つまり，$\frac{1}{2}$ の方が $\frac{3}{8}$ より大きいことがわかる。この例からわかるように，異分母の場合には，適当な数をかけて同分母にしてから分子をくらべればよいのである。この場合も分子を同じにしてもまちがいではない。

$\frac{1}{2}$ と $\frac{3}{8}$ では分子を等しくするには，$\frac{1\times3}{2\times3}=\frac{3}{6}$ とすれば，$\frac{3}{6}$ と $\frac{3}{8}$ だから，分母の小さい $\frac{3}{6}=\frac{1}{2}$ の方が大きい，といってもよい。しかし，ふつう，このやり方はしない。

二つ，またはそれ以上の分数の分母と分子にある数をかけて同分母にすることを**通分する**という。

$\frac{1}{2}$ と $\frac{3}{8}$ を通分するには，

$$\frac{1\times4}{2\times4}=\frac{4}{8}$$

とすればよい。

$\frac{1}{2}$ と $\frac{3}{8}$ のときは，$\frac{3}{8}$ はそのままにして，$\frac{1}{2}$ の方にだけ4をかけて $\frac{4}{8}$ に変えればよかったが，一概にそうはいかない。$\frac{2}{3}$ と $\frac{4}{5}$ を通分するには，分母の3にどんな整数をかけても5にはならない。だから，3と5に何か適当な数をかけて同じ数にしなければならない。3と5だったら，3には5，5には3をかければ，同じ15になることはすぐにわかる。この場合は，おのおのに相手の数をかければよいのである。

$$\frac{2\times5}{3\times5}=\frac{10}{15} \quad \frac{4\times3}{5\times3}=\frac{12}{15}$$

つぎに $\frac{3}{8}$ と $\frac{5}{12}$ を通分してみよう。相手の数をかけると，

$$\frac{3\times12}{8\times12}=\frac{36}{96} \quad \frac{5\times8}{12\times8}=\frac{40}{96}$$

これでも通分はできた。しかし，"なるべく小さな数ですます"という方針でいくことにすると，この共通の分母の96という数は大きすぎる。もっと小さい数ですますことができるはずである。それは8と12の共通の倍数，すなわち，公倍数になっていればよい。8と12の公倍数は24である。

$$8\times3=24 \quad 12\times2=24$$

だから，通分するには，

$$\frac{3\times 3}{8\times 3}=\frac{9}{24} \qquad \frac{5\times 2}{12\times 2}=\frac{10}{24}$$

となって，前よりもずっと簡単に通分がやれる。だから，つぎのことがいえる。

　　〝異分母の分数を通分するには，共通の分母が二つの分母の 最小公倍数になるように分母変形すればよい〟

しかし，a, b の最小公倍数 m は，ab を最大公約数 d で割ったものであった。

$$m=\frac{ab}{d}=a\cdot\frac{b}{d}=\frac{a}{d}\cdot b$$

だから，上の規則はつぎのようにいいかえてもよい。

　　〝異分母の分数を通分するには，一方の分母に他方の分母を 最大公約数で割った数を掛ければよい〟

例——$\frac{7}{12}$ と $\frac{11}{18}$ とを通分せよ。

解——12 と 18 の最大公約数は 6 である。だから，

①——12 には $\frac{18}{6}=3$ をかけ，

②——18 には $\frac{12}{6}=2$ をかける。

$$\frac{7\times 3}{12\times 3}=\frac{21}{36}$$

$$\frac{11\times 2}{18\times 2}=\frac{22}{36}$$

通分の計算法としては〝最小公倍数になるように〟というより，このやり方の方が実際的である。階段式で最大公約数を求めたのであったら，最後の段で相手の数をかければよい。

```
2 | 12   18
3 |  6    9
       2    3
```

ここで，12 には 3 を，18 には 2 をかける。

前に二つの分母を掛け合わせる方法をのべたが，もちろん，今日では使われていない。しかし，共通の分母に積をとるやり方をやめて最小公倍数をとる方法に変わったのは，それほど昔ではないようである。12 世

紀に生まれたインドのバスカラも積をとっていたし，ヨーロッパの中世で最大の数学者であるピサのレオナルド（フィボナッチ）も積を共通の分母にとるやり方をつかっていた。積をとる方法が一般的にすたれてきたのは，やっと17世紀になってからだといわれている。

こんな話をきくと，人間の知恵も案外，進み方がおそいという感じがするのである。

分数の演算

●——分数の加減

大小の比較と同様に分数どうしの加法や減法には，やはり，通分が利用される。同分母の場合には加法も減法も簡単である。
$\frac{3}{7}+\frac{2}{7}$ は $\frac{1}{7}$ が3つと $\frac{1}{7}$ が2つを加えるのだから，3+2=5 で $\frac{1}{7}$ が5つになる。

$$\frac{3}{7}+\frac{2}{7}=\frac{5}{7}$$

計算の規則としてのべるとつぎのようになる。

"同分母の分数を加えるには，分母はそのままにして分子を加えればよい"
つまり，

$$\frac{3}{7}+\frac{2}{7}=\frac{3+2}{7}=\frac{5}{7}$$

減法も同じに考えればよい。
$\frac{5}{7}-\frac{2}{7}$ は"$\frac{1}{7}$ が5つ"から"$\frac{1}{7}$ が2つ"を取るのだから，残りは 5-2=3 で，$\frac{3}{7}$ になる。計算法としては，

"同分母の分数を引くには，分母をそのままにして分子同士を引けばよい"
しかし，異分母の場合はそうはいかない。やはり，通分して同分母に形をかえてから，加法と減法をやる必要がある。

$$\frac{3}{8}+\frac{5}{12}=\frac{3\times 3}{8\times 3}+\frac{5\times 2}{12\times 2}=\frac{9}{24}+\frac{10}{24}=\frac{9+10}{24}=\frac{19}{24}$$

$$\frac{5}{6}-\frac{3}{8}=\frac{5\times 4}{6\times 4}-\frac{3\times 3}{8\times 3}=\frac{20}{24}-\frac{9}{24}=\frac{20-9}{24}=\frac{11}{24}$$

この場合，ピサのレオナルドはつぎのようにやったのである。

$$\frac{3}{8}+\frac{5}{12}=\frac{3\times 12}{8\times 12}+\frac{5\times 8}{12\times 8}=\frac{36}{96}+\frac{40}{96}=\frac{36+40}{96}=\frac{76}{96}$$

4で約分すると，
$$=\frac{19}{24}$$

今日では小学生でもやらないような下手なやり方を，13世紀の大数学者は平気でやっていたのである。

ここでとくに注意すべきことは，分母どうし，分子どうしを加えたり，引いたりしてはならない，ということである。

$$\frac{3}{8}+\frac{5}{12} \quad \text{を} \quad \frac{3+5}{8+12}=\frac{8}{20}=\frac{2}{5}$$

などとやってはいけないのである。この方が計算はたしかにらくだが，これはひどい間違いである。間違いであることを骨身にしみて覚えておこうと思ったら，次の例を考えてみるとよい。

$\frac{1}{2}+\frac{1}{2}$ をこの計算法でやると，$\frac{1+1}{2+2}=\frac{2}{4}=\frac{1}{2}$，つまり，半分と半分をたすと答えは半分になる，という奇妙な結果になってしまうのである。

●——分数の乗除

整数にくらべると，分数どうしの加法と減法は，はるかに計算がめんどうである。異分母の場合には，通分という手続きを経た上でないと加えたり，引いたりができない。しかし，それでも加法と減法の意味そのものは整数の場合と異なったところはない。

だが，分数どうしの乗法や除法になると，〝掛ける〟〝割る〟という演算の意味が少し変わってくるのである。

分数どうしを掛けるときには，つぎのように分母どうし，分子どうしをかける。

$$\frac{2}{3}\times\frac{4}{5}=\frac{2\times 4}{3\times 5}=\frac{8}{15}$$

計算それ自身は異分母の加法や減法よりかえって簡単である。しかし，意味はやさしくない。

第1に，$\frac{2}{3}$ に $\frac{4}{5}$ をかけた結果をみると，$\frac{2}{3}$ より小さい $\frac{8}{15}$ になっている。$\frac{2}{3}$ は $\frac{10}{15}$ だから，$\frac{8}{15}$ の方が小さいのである。

今までは掛ければ，答えはかならずもとの数よりふえた。1を掛けた場合にはもとと同じになるが，それでも，もとより減ることは絶対になかった。しかし，分数を掛けると減るのである。これはどうしたことだろ

うか。これはだれでもいちおうふしぎに思うことであろう。
じつは、この疑問は2300年前までは大論争のまとであったのである。18世紀の大数学者・オイレル(1707-1783年)は『算術入門』という本の中で、つぎのように言っている。

> 整数または分数に分数をかけると積は被乗数より小さくなるが、これはとにかく乗法の性質とは矛盾する。乗法は、その名称から判断すると、増加もしくは拡大を意味するからである。

これはいちおうもっともなことである。しかし、乗法という名称が増加もしくは拡大を意味するというのは、日本にはない事情である。これはヨーロッパにだけあることである。"掛ける"は英語では multiply であるが、このことばは字引きをみると、"掛ける"という意味のほかに"ふえる"とか"繁殖する"とかいう意味をもっている。旧約聖書には"生めよ、ふやせよ"という文句があるが、英語では "Be fruitful, and multiply" となっている。

幸か不幸か、日本語では"掛ける"は別に"ふえる"という意味をもっていないので、ヨーロッパ人ほど"掛けて減る"ことの奇妙さを感じないだろう。しかし、整数を掛ける場合とは正反対になっているのは、やはり何となくふしぎな気がするにちがいない。

●──累加と乗法

整数の乗法は加法のくり返し、すなわち、累加であった。
$$4 \times 3 = 4 + 4 + 4$$
で、4の方はくり返しの加法という一つの"はたらき"を受ける"もの"であり、3は"はたらき"の回数であった。だから、4は別に整数である必要はなく、分数であってもいっこうに差支えはない。$\frac{2}{5} \times 3$ は $\frac{2}{5}$ を3回加えることであるから、その意味は明らかである。
$$\frac{2}{5} \times 3 = \frac{2}{5} + \frac{2}{5} + \frac{2}{5}$$
ところが、回数を表わす3のほうは整数でないとこまるのである。"$2\frac{1}{2}$

回だけ旅行した〟とか〝$5\frac{2}{3}$回だけ本を読んだ〟ということは意味がない。それと同じように，〝$\frac{1}{2}$回だけ加える〟ということも意味がない。少なくとも正しい日本語とはいえない。この立場をあくまでも固執するなら，$\times \frac{1}{2}$ということはもともと考えられないことである。

● ── **乗法の拡張**

以上のように回数を表わす数や，人間の人数を表わす数はあくまでも整数であるべきことはたしかである。$\frac{1}{2}$人とか$\frac{2}{5}$人とかいうものは考えられないのである。

しかし，場合によっては，回数や人数のようなものでも半ばをかぞえた方が都合のよいことも起こってくる。ある学校で〝2回遅刻したら，1回欠席したものと見なす〟という規則をつくったとしたら，3回欠席して1回遅刻した生徒は$3\frac{1}{2}$回欠席したと勘定したほうが便利である。こうなると，$\frac{1}{2}$回というような半ばの回数もむげに排除すべきものではなくなる。

また，人数でもそうである。駅の出札口で，〝大阪まで2枚半〟といって切符を買っている人を見かけるが，それは〝おとな2枚，子ども1枚〟という意味である。閑散な駅だったら，〝おとな2枚，子ども1枚〟でもよいが，いそがしい駅の窓口では〝2枚半〟というほうが客も助かるし，駅員も助かるのである。これは生活の必要というものが，自然にことばの本来の意味を変えてしまった実例であろう。

同じことが，分数を掛けること，すなわち，分数の乗法にもいえる。加法のくり返し，すなわち，累加として出発した乗法が，計算の必要に応じて意味が変化するのである。

● ── **乗法の新しい意味**

1時間 4 km で歩く人は2時間では 8 km 歩く。

　　　$4 \times 2 = 8$

この計算をおこなうにはつぎの公式によっている。

　　　時速×時間＝距離

この公式一つあれば，時速が 3 km の子どもにも，さらに時速 50 km

の汽車にもあてはまるのである。しかし，乗法が累加だという立場をあくまで守り通そうとすると，時間が整数のときにしか使えず，時間が $3\frac{1}{2}$ 時間のような場合には使えない。

また，品物の値段については次の公式がある。

　　　　単価×分量＝価格

1 kg 76 円の米を 5 kg の価格は，

　　　　76 円×5＝380 円

である。しかし，乗法をあくまで累加だということにしたら，$7\frac{1}{2}$ kg の米の価格はこの公式では求められない。

そのほかにも，これに似た公式は無数にある。たとえば，

　　　　たて×よこ＝面積（長方形）

などもその一つである。もし，〝×分数〟がぜんぜん不可能となったら，これらの公式は整数の場合にしか使えないわけで，たいしてありがた味のないものになってしまう。

これらの公式が分数にも使えるようにするには，どうしても乗法は累加そのものだ，という狭い立場をすてて，より広い考え方に移らねばならない。それでは，分数を掛けることをどう考えたらいいだろうか。そのため，代表的につぎの二つの場合をとり上げてみよう。

　　　　時速×時間＝距離
　　　　単価×分量＝価格

で，時速や単価を**何倍かする**と，距離や価格がでてくることに注意しよう。ここで何倍かする，ということを少し拡大解釈して，$\frac{3}{4}$ 倍とか $\frac{2}{5}$ 倍ということも許すことにする。

時速 60 km の自動車が 2 時間ではどれだけの距離を走るか，という問題は，

　　　　〝60 km の **2 倍**はいくらか〟

ということになる。また，〝同じ時速 60 km で，$\frac{3}{4}$ 時間では何 km か〟という問題は，普通の言い方だと，

　　　　〝60 km の $\frac{3}{4}$ はいくらか──となり，60÷4×3〟

となる。ここで整数の場合と同じく，倍ということばをつけ加えてみる。

　　　　〝60 km の $\frac{3}{4}$ 倍はいくらか──60×$\frac{3}{4}$〟

つまり、"の4分の3"は"÷4"と"×3"という2度の計算だが、"の $\frac{3}{4}$ 倍"は"× $\frac{3}{4}$"という1度の計算と考えるのである。2度の計算を1度の計算にまとめて考えるところが、じつをいうと大変なちがいなのである。今後は"の4分の3"はすべて"× $\frac{3}{4}$"という分数の乗法で書くことにする。だから、掛けて小さくなるのは当たり前だといってよい。

このような乗法をきめたおかげで、"時速×時間＝距離"の公式も、"単価×分量＝価格"の公式も、"たて×よこ＝面積"の公式も、すべてそのまま分数の場合にも使えるようになるのである。

これを計算の方式としてまとめると、つぎのようになる。

分数を掛けるには、分母で割って分子を掛ければよい。

$$\Box \times \frac{d}{c} = \Box \div c \times d$$

分数に分数をかけるには、

$$\frac{b}{a} \div c \times d = \frac{b}{a \times c} \times d = \frac{b \times d}{a \times c}$$

となる。

例――たて $\frac{4}{5}$ m, よこ $\frac{2}{3}$ m の長方形の面積は何 m² か。

解――図❶の斜線の部分の面積を古い計算法で求めてみよう。一つの小さい長方形の数は 5×3＝15 個だから、正方形の面積 1 m² の $\frac{1}{15}$ である。この小さい長方形は、4×2＝8 で8つある。だから、求める面積は、

$$\frac{1}{15} \times 8 = \frac{8}{15} (m^2)$$

これは、新しい乗法で計算したのと同じ結果になる。

$$たて×よこ＝\frac{4}{5} \times \frac{2}{3} = \frac{4 \times 2}{5 \times 3} = \frac{8}{15}$$

つまり、古い計算を1度でできるように、乗法がうまく定められたことがわかる。

●――量と量の乗法

前にのべたとおり、1, 2, 3, 4, ……という自然数、もしくは正の整数は、一つ一つがはなれていて個性をもったものをかぞえるときの数であった。つまり、"いくつか"と問うたときの答えである。しかし、水とか

鉄とか金額とかいうものは，一つ一つの部分がはなれていず，つながっているし，また，反対にどんなふうにでも分割できる。いくら分割しても水・鉄・金額であることに変わりはない。このようなものは〝かぞえる〟ことはできない。かぞえるのではなく，測るのである。〝水はいくらあるか〟と問うのである。〝いくら〟の場合は半ばがあるのがふつうだから，答えは整数ではなく分数になる。〝水の数〟とは言わず，〝水の量〟というが，このようなものは一般に量なのである。量を測るには個数をかぞえるのとはちがって，どうしてもある一定の単位量をきめて，それの〝何倍か〟ということで測っていく。だから，分数というものは，もともと量，もしくは量から抽象されたものである。

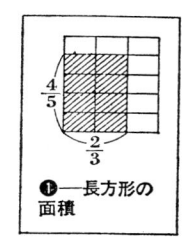

❶——長方形の面積

分数を量だと考えると，〝分数×分数〟は，本来は〝量×量〟だということになる。たとえば，

　　　　速度×時間＝距離

　　　　単価×分量＝価格

　　　　たて×よこ＝面積

という公式はそのような量×量の乗法であって，累加としての乗法とはおおいに趣きのちがったものである。

物理学などでは，

　　　　5 m×6 m＝30 m²

というように書くが，ここまでくると，完全に累加ではなくなってきている。その他にも，〝量×量〟によって新しい量がつぎつぎに作り出されていく。たとえば，

　　　　質量×速度＝運動量

　　　　力×長さ＝エネルギー

などがその例である。

● ——内容と形式

乗法は累加であるという立場をすてて，新しい乗法を定めると，整数のときに成り立っていたかずかずの**公式の形式**は，そのまま持ち越されることがわかった。

時速×時間＝距離
単位×分量＝価格
たて×よこ＝面積
…………

しかし，この中に入るべき時間とか分量などの内容は，今までとはちがっている。つまり，整数であったのが分数になったのである。形式はもとのままで，内容は新しくなったのである。古いことわざでいうと，"古い革袋に新しい酒を入れた"わけである。

内容が古くて，形式だけを新しくとりかえる，という話はよく聞く。しかし，ここでは反対に，内容が新しくて，形式が古いのである。このようなことはおそらく数学に特有な考え方であると思われるので，以下で少し説明しよう。

もともと分数の乗法を定めるのに，これを整数の規則だけから導き出すことはできないことである。このことは，すでにニュートン(1642—1727年)がはっきりと言っていたのである。だから，何かの手がかりがない限り，分数の乗法を定義することはできないのである。定義できないというより，どのようにでも定義できる，といってもよい。

そこで，手がかりとしてえらばれるのは種々の法則，たとえば，"時速×時間＝距離"などの公式である。この簡明な公式の形式が，新しい内容に対してもやはり持ち越されることである。もし，これらの公式が分数になると，成立しなくなるような勝手な規約を定めたら，"自然を忠実に反映する"科学の一部門としての数学は無用の長物となるだろう。

だから，"分数×分数"の規則は，"整数×整数"の規則から論理だけの力で導き出すことはできない，という意味では一種の約束，もしくは規約である。しかし，それはかずかずの自然の法則を忠実に反映している，という点からみると，一種の自然法則であると言ってよい。

分数の乗法を以上のようにきめたとき，整数について成立していたもろもろの法則はどうなるだろうか。

❶————加法の交換法則

たとえば，$\frac{3}{10}+\frac{7}{25}$ と $\frac{7}{25}+\frac{3}{10}$ は等しいだろうか。まず，通分してみる。

$$\frac{3}{10}+\frac{7}{25}=\frac{3\times 5}{10\times 5}+\frac{7\times 2}{25\times 2}=\frac{15}{50}+\frac{14}{50}=\frac{15+14}{50}$$

ここまでくると，15+14 という整数の加法がでてきたので，これに交換法則をつかえばよいことがわかるだろう。

❷────加法の結合法則

これも通分すれば，分子にでてくる整数の結合法則になることがわかる。

❸────乗法の交換法則

$$\frac{4}{5}\times\frac{2}{3}=\frac{4\times 2}{5\times 3} \qquad \frac{2}{3}\times\frac{4}{5}=\frac{2\times 4}{3\times 5}$$

ここでもまた，5×3，4×2 に整数の場合の交換法則をあてはめればよい。

❹────乗法の結合法則

$$\left(\frac{2}{3}\times\frac{4}{5}\right)\times\frac{7}{9}=\frac{(2\times 4)\times 7}{(3\times 5)\times 9}$$

$$\frac{2}{3}\times\left(\frac{4}{5}\times\frac{7}{9}\right)=\frac{2\times(4\times 7)}{3\times(5\times 9)}$$

ここで，整数のときの法則をつかえばよい。

❺────分配法則

$$\frac{2}{3}\left(\frac{4}{5}+\frac{7}{9}\right)=\frac{2}{3}\left(\frac{36+35}{5\times 9}\right)=\frac{2\times(36+35)}{3\times(5\times 9)}$$

$$\frac{2}{3}\times\frac{4}{5}+\frac{2}{3}\times\frac{7}{9}=\frac{(2\times 4)\times 9+(2\times 7)\times 5}{(3\times 5)\times 9}=\frac{2\times(4\times 9)+2\times(7\times 5)}{(3\times 5)\times 9}$$

ここでも乗法の結合法則と分配法則をつかうと，たしかめられる。

そのほか，減法が一通りだということや，0の関係も形式的にはそのままである。

ここで注意すべきことは，分数に関する交換・結合・分配などの諸法則は，すべて整数の法則から導き出されるという点である。ここでも交換・結合・分配などの法則の形式は変わらなかったのである。

●──除法

"×分数"の意味がわかると，"÷分数"の意味も自然にわかってくる。"分数×分数"が"量×量"だとすれば，"分数÷分数"は"量÷量"だということになる。

量が長さだとすると，たとえば，$6m ÷ \frac{3}{5}m$ を計算してみよう。これは $6m$ の紐から $\frac{3}{5}m$ の紐を切りとると何本できるか，ということである。$\frac{3}{5}m$ は $3m$ の $\frac{1}{5}$ だから，まず $3m$ を切りとってみよう。

$$6 ÷ 3 = 2$$

2本になるが，さらに1本を $\frac{1}{5}$ にするから，紐の数は5倍になる。

$$2 × 5 = 10$$

結局，10本になる。この計算をみると，$\frac{3}{5}$ の分子3で割って，分母の5を掛けている。だから，

$$6 ÷ \frac{3}{5} = 6 ÷ 3 × 5 = \frac{6 × 5}{3}$$

これは，$6 × \frac{5}{3}$ と同じである。

$$6 ÷ \frac{3}{5} = 6 × \frac{5}{3}$$

つまり，**分数で割ることは，分母と分子を入れかえて掛けることと同じである**。

"÷分数"を以上のように考えると，これは一種の包含除である。しかし，分数でも広い意味での等分除を考えることはできる。

"ある数の3倍が42だったら，その数はいくらか"

という問題は，$42 ÷ 3 = 14$ で，答えができる。ここで分数倍ということを許せば，つぎのような問題になる。

"ある数の4分の3，あるいは $\frac{3}{4}$ 倍が24であるとき，その数はいくらか"は，24 を $\frac{3}{4}$ で割ればよい。

$$24 ÷ \frac{3}{4} = 24 × \frac{4}{3} = 32$$

これを分数の除法を知らない人がやったら，次のようにやるだろう。

ある数の $\frac{3}{4}$ ……24

ある数の $\frac{1}{4}$……24÷3＝8
　　　ある数は…………8×4＝32
一つの式に書くと，
　　24÷3×4＝32
これでもまちがいではないが，÷3×4 という整数の計算を2度やるよりは ÷$\frac{3}{4}$ という分数の計算を1度やる方が進んだやり方である。

● ―― 小数

数の系統からいうと，小数(有限小数)は分数の一種である。たとえば，

　　0.63＝$\frac{63}{100}$　　1.5＝$\frac{15}{10}$　　2.47＝$\frac{247}{100}$

であるから，10，100，1000，……という特別な数を分母とする特別な分数である。だから，小数の計算の規則は，すべて分数の計算規則から導き出せる。

しかし，考え方はかなりちがっている。63 cm を m で書くと，0.63 m になるが，これは単位をかえることから自然にでてくるものである。だから，十進法の桁の考えを1，10，100，……と大きい方につくっていくかわりに，1より小さい $\frac{1}{10}$，$\frac{1}{100}$，……まで延長したものと考えるべきであろう。だから，小数は整数を少しばかり拡張したものと考えることができる。

負数の加法と減法

●——反意語と負数

われわれの使っている言語の中には，正反対の意味をもっていることば，すなわち，反意語がたくさんある。たとえば，動詞では"上る"と"下る"，"行く"と"帰る"，"入る"と"出る"，"売る"と"買う"，"貸す"と"借りる"などのようなものである。また，"上"と"下"，"前"と"後"，"左"と"右"などのような名詞もある。

数の世界でもこういう反意語を使う必要が起こってくると，それをうまく数にほんやくすることが工夫されるようになる。こうして生まれてきたのが**負数**である。"進む"と"退く"は反意語であるが，戦争中，それについてこっけいなことがあった。"退く"という字は日本軍隊の字引きにないというわけで，ガダルカナルから"退く"ことを"転進"ということばで発表した。"退く"を"進む"で表わしたのである。このように"退く"という字を字引きから追放してしまうと，たとえば，"100 km 退いた"という事実は，どう表わしたらよいだろうか。

そのためには，反意語のかわりに反対の意味をもった数を考え出す必要がある。正数と0だけなら，それを一列にならべると，図❶のⒶのようになっている。

0を左端として右の方に限りなくのびている半分の直線である。
この半分の直線を左の方にのばして，左右両方にのびている直線を考えることはきわめて自然であろう——図❶のⒷ。
こうなると，まず，新しくつけ加えられた線上の点に名まえをつける必

要が起こってくる。もちろん，このとき，ぜんぜん新しい名まえをつけても差支えはないはずである。しかし，われわれは新しい名まえをつけるような骨折りをさけて，古い数を利用することにしよう。0の点を中央にして左右にのびているところから，0の点から左の方へは順々にマイナス1，マイナス2，マイナス3，……と名づけることに決めよう。マイナス(minus)というのは"より小さい"という意味である。これが負数である。記号としては，−1，−2，−3，……というように減法の記号で書くのであるが，ここ当分は"ひく1""ひく2""ひく3"……と混同するおそれがあるので，"−"を頭にのせて $\bar{1}$, $\bar{2}$, $\bar{3}$, ……と書くことにしよう。あとで混同のおそれがなくなったら，"−"を前に書くようにしたい──図❶の©。

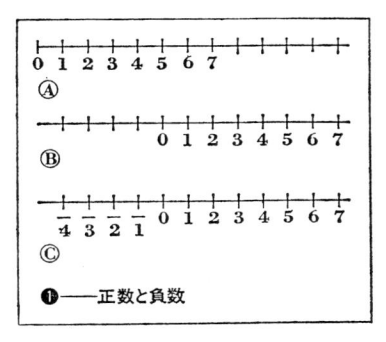

新しい数 $\bar{1}$, $\bar{2}$, $\bar{3}$, ……をマイナス1，マイナス2，……とよぶことにすると，古くからあった数も，それと対抗する必要上，プラス1，プラス2，……とよぶことがある。これは $\overset{+}{1}$, $\overset{+}{2}$, $\overset{+}{3}$, ……と書くことにしよう。これは 1，2，3，……と同じ意味であるが，とくに"マイナス"ではないことを強調するためである。昔は，ただ"機関車"といっていたものが，新しく"電気機関車"がでてくると，とくに"蒸気機関車"というようになったのと似た事情である。プラス(plus)は"より大きい"という意味である。

このような新しい数をつかえば，"退く"ということばを使わずに"進む"ということばだけで"100km 退いた"という事実を言い表わすことができる。そのためには"$\overline{100}$km 進んだ"と言えばよいのである。同じように，"損をした"ということばを嫌う縁起かつぎの商人だったら，"10000円損した"というかわりに，"$\overline{10000}$円もうけた"と言えばよいのである。こんなことは，たんにことばの遊戯にすぎない，という人もいるだろう。たしかにその通りである。反意語をマイナスという数にもってきただけなのである。しかし，このつまらないことばの言いかえにすぎないものが，数学では重要な発展のテコになっているのである。

● ──**負数の加法**

以上のようにして新しい数，負数が考え出されたが，それだけではたいして役に立たない。どうしても新しい数を計算することができなくてはならない。そのためには，まず，計算の規則からきめてかからねばならない。

最初に加法と減法をきめよう。古い正数同士の加法・減法は，すでによく知っている。そのために，左右にのびている直線を思い浮かべよう――図❷の Ⓐ。

0の点を出発点として，まず"右に3"だけ動いて，そのつぎに"右に3"だけ動いたら，結果はどうなるだろうか――図❷の Ⓑ。

答えは"右へ6"である。計算をするには，

$$\overset{+}{3}+\overset{+}{3}=\overset{+}{6}$$

とすればよい。

このときの"+"の意味は"……だけ動いて，そのつぎに……動くと，その結果は……"という文章を簡単に表わしたものとする。

今度は，"右へ3"だけ動いて，そのつぎに"左へ5"動くと，その結果は"左へ2"である――図❷の Ⓒ。これを式で書くと，

$$\overset{+}{3}+\overset{-}{5}=\overset{-}{2}$$

となる。このときの"+"も，やはり上のように"……だけ動いて，そのつぎに……動くと，その結果は……"という意味だとする。

また，"左へ3"だけ動いて，そのつぎに"右へ5"だけ動くと，その結果は，図❷の Ⓓ のようになる。式で書くと，

$$\overset{-}{3}+\overset{+}{5}=\overset{+}{2}$$

となる。

同じように，"左へ3"と"左へ5"だったら，結果は"左へ8"である。

$$\overset{-}{3}+\overset{-}{5}=\overset{-}{8}$$

このように考えると，プラス・マイナスの数の加法は直線の上で計算できるわけである。しかし，ここでも新しい $\overset{-}{1}, \overset{-}{2}, \overset{-}{3}, ……$ の入った加法を古い 1, 2, 3 の計算に直す必要が起こってくる。

$$\overset{+}{3}+\overset{-}{5}=\overset{-}{2}$$
$$\overset{-}{3}+\overset{+}{5}=\overset{+}{2}$$

をみると，プラスとマイナスの加法では，マイナスの数から－をとり去

った数を引き算して，それに適当に＋，－をつければよい。

● ── 絶対値と符号

プラスとマイナスの加法を普通の数の計算に直すには，$\bar{1}$, $\overset{+}{1}$, $\bar{2}$, $\overset{+}{2}$, ……などの数は 1，2，3，……という数と，－，＋，という記号が組み合わさってできている，とみる必要がある。

このとき，－，＋を正負の数の**符号**といい，符号をとり去った1，2，3，……をおのおのの数の**絶対値**という。記号としては正負の数の両側に棒をかいて表わす。たとえば，

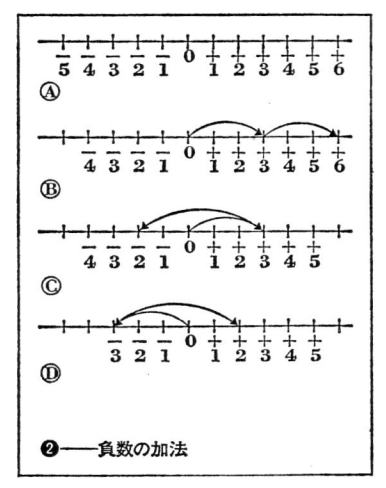

$$|\bar{2}|=2 \qquad |\overset{+}{5}|=5$$

だから，正負の数は絶対値と符号からできているものと考えることができる。

たとえば，$\bar{2}$の絶対値は2で，符号はマイナス(－)である。また，$\overset{+}{5}$の絶対値は5で，符号はプラス(＋)である。

しかし，〝正負の数から符号をとり去った数〟を絶対値ときめておくと，文字が入ってきたとき，誤りが起こる心配がある。たとえば，$-a$の絶対値はaで，符号は－としがちなものであるが，これはまちがいである。なぜなら，aが負数のとき，$-a$の絶対値は$-a$だし，符号は＋である。だから，文字が入ってきたら，**aの絶対値はaと$-a$のうちで，正の数字である**，といった方がよい。

● ── 加法の計算法

さて，絶対値と符号ということばをつかって加法の計算法をのべると，つぎのようになる。

$$\overset{+}{3}+\overset{+}{5}=\overset{+}{8}$$
$$\bar{3}+\bar{5}=\bar{8}$$

から，同じ符号の場合の規則がでてくる。

"同じ符号の二数を加えるには，二数の絶対値を加えて，その同じ符号をつける"

また，
$$\overset{+}{3}+\overset{-}{5}=\overset{-}{2}$$
$$\overset{-}{3}+\overset{+}{5}=\overset{+}{2}$$

から，異なる符号の場合の規則が得られる。

"異なる符号の二数を加えるには，二数の絶対値の差をつくり，絶対値の大きな数の符号をつける"

以上のことは，新しい数の加法といっても，実際の計算になると，結局は古い数の加法と減法に直されることを物語っている。だから，この法則さえ覚えたら，こと新しく計算法を学ぶ必要はないわけである。

問題 1——負数をつかって，次の文章を言い直せ。

① —— 東に 100 m 歩いた。

② —— 5 cm 収縮した。

③ —— 100 万円損した。

④ —— 坂を 20 m だけ下った。

問題 2——つぎの計算をせよ。

$$\overset{-}{10}+\overset{-}{6} \quad \overset{-}{5}+\overset{+}{6} \quad 0.\overset{-}{5}+0.\overset{-}{14} \quad \overset{-}{8}+\overset{+}{5} \quad \overset{-}{7}+\overset{+}{4} \quad \overset{+}{6}+\overset{-}{9}$$

●——正負の数の減法

5 だけ動いて，つぎに**反対の方向に** 3 動いたら，答えは，
$$5-3=2$$
である。これに+をつけて書き直すと，
$$\overset{+}{5}-\overset{+}{3}=\overset{+}{2}$$
となる。

ここで，"反対の方に動く"ということは $\overset{+}{3}$ だったら $\overset{-}{3}$ の方に，$\overset{-}{3}$ だったら $\overset{+}{3}$ の方に動くことだから，$\overset{+}{5}-\overset{+}{3}$ は $\overset{+}{5}+\overset{-}{3}$ になるし，$\overset{+}{5}-\overset{-}{3}$ は $\overset{+}{5}+\overset{+}{3}$ となってしまう。だから，**正負の数を引くことは，絶対値をそのままにして符号だけを変えて加えることと同じである。**たとえば，

$$\overset{+}{8}-\overset{+}{12}=\overset{+}{8}+\overset{-}{12}=\overset{-}{4}$$
$$\overset{+}{8}-\overset{-}{12}=\overset{+}{8}+\overset{+}{12}=20$$
$$\overset{-}{6}-\overset{-}{9}=\overset{-}{6}+\overset{+}{9}=\overset{+}{3}$$

となる。

この規則によると，負数を引くことは正数を加えることと同じである。このことはトランプをやった人ならよく知っているだろう。"ツー・テン・ジャック"では，スペードの2は$\bar{10}$の点であるが，この札を捨てると，結局は$\overset{+}{10}$をとったのと同じである。あるいは借金がなくなったのと同じである。株券が焼けてなくなると，持っている人は損するが，会社は得をするのも，これと同じ理屈である。

問題 1——つぎの減法を加法に直して計算せよ。

$$\bar{5}-\bar{6} \quad \overset{+}{4}-\overset{+}{9} \quad \overset{+}{6}-\bar{3} \quad \bar{7}-\bar{4} \quad \bar{2}-\bar{6}$$

負数の乗法と除法

●——正負の数の乗法

正負の数を掛け合わせるときの規則をきめよう。そのためにいちばん簡単な例を考えてみよう。

ある人がトランプで $\overset{+}{5}$ の札を2枚得たら，得点は，
$$\overset{+}{5}\times\overset{+}{2}=\overset{+}{10}$$
つまり，"札の点数×得た枚数＝得点"となっている。

"$\overset{+}{2}$枚を失う"ことを"$\overset{-}{2}$得る"というように言い直すと，"札の点数×得た枚数"は $\overset{+}{5}\times\overset{-}{2}$ となる。そのときは10点失うことになるから，上の公式を成り立たせるためには，どうしても，
$$\overset{+}{5}\times\overset{-}{2}=\overset{-}{10}$$
でなければならない。また，$\overset{-}{5}$ を"$\overset{+}{2}$得たら"，結果は10点，失ったことだから，
$$\overset{-}{5}\times\overset{+}{2}=\overset{-}{10}$$
同様に，$\overset{-}{5}$ を"2枚，失う"，つまり，2枚得たら，10点得たことになるから，
$$\overset{-}{5}\times\overset{-}{2}=\overset{+}{10}$$
まとめて書くと，
$$\overset{+}{5}\times\overset{+}{2}=\overset{+}{10}$$
$$\overset{+}{5}\times\overset{-}{2}=\overset{-}{10}$$
$$\overset{-}{5}\times\overset{+}{2}=\overset{-}{10}$$
$$\overset{-}{5}\times\overset{-}{2}=\overset{+}{10}$$

となる。ここで，つぎの規則が得られる。正負の数をかけるには

① ——絶対値を掛け合わせる。
② ——＋と＋，－と－のときは，その積に＋をつけ，－と＋，＋と－のときは－をつける。

この規則が得られたのは，
　　　　札の点数×得た枚数＝得点
という公式が，正数ばかりではなく，負数にも成り立つ，という**仮定**があったからである。ぜんぜん仮定もなにもなくて，無条件に得られたものではないのである。

だから，この公式が負数にも成り立つことを承認しない人にとっては，乗法の規則は誤りだとされるかもしれない。だから，かりに乗法の規則を承認しないようなつむじまがりの人があったとしても，その人の主張を理論的に誤りだということはできないのである。つまり，負数の乗法の規則は，正数の乗法の規則だけから**何の仮定もなしに論理的に導き**出すことのできないものである。だから，この法則は一つの規約といってもよいのである。

しかし，この規約は，規約とはいっても，けっして数学者が勝手に物好きにつくり上げたものではないのである。この規約は無数に多くの事実をしらべた上で，それらの事実をうまく言い表わすことのできるように定められた規約である。だから，それは無数の事実から帰納して得られた一つの自然法則のようなものである。

この規則はトランプの得点の公式から導き出したが，これは簡単のためにしたのであって，本当はもっと多くの事実に適用できるのである。

今から400年ぐらいまえには，この正負の乗法規則が議論の中心になった。イタリアのカルダノ(1501—1576年)などは"負×負＝正"という公式が誤りだと言ったほどである。これについてローマの数学教授であったクラヴィウス(1537—1612年)はつぎのようにいっている。

「この正負の数の乗法の規則を証明するのはあきらめたほうがよさそうである。この規則が正しいわけを理解できないのは，人間の精神の無力のためというほかはない。だが，乗法の規則が正しいことは疑いの余地がない。なぜなら数多くの実例によって確かめられているからである」

クラヴィウスのことばは今日でも正しい。この規則は数学的に証明はできない。しかし，数多くの実例によって確かめることはできる。これはそういうものなのである。

例1──速度×時間＝距離
この公式は正数のときはもちろん成立するが，負数でもうまく成り立つ。右へ向かう速度を＋，左へ向かう速度を−で表わす──図❶。□時間後を$\overset{+}{□}$時間後，□時間前を$\overset{-}{□}$時間後，右への距離を＋，左への距離を−で表わす。このとき，

　　　時速4kmで右へ歩き，3時間後では，
　　　　──→12km 右……$\overset{+}{4}×\overset{+}{3}=\overset{+}{12}$
　　　時速4kmで左へ歩き，3時間後では，
　　　　──→12km 左……$\overset{-}{4}×\overset{+}{3}=\overset{-}{12}$
　　　時速4kmで右へ歩き，3時間前では，
　　　　──→12km 左……$\overset{+}{4}×\overset{-}{3}=\overset{-}{12}$
　　　時速4kmで左へ歩き，3時間前では，
　　　　──→12km 右……$\overset{-}{4}×\overset{-}{3}=\overset{+}{12}$

つまり，この事実からみると，
　　　速度×時間＝距離
の公式は負数の場合にもそのまま成り立っていることがわかる。つまり，この公式が成り立つように乗法の規約はうまく定められているのである。

例2──$y=2x$のグラフを考えよう。もし，われわれが正の数だけしか知らないとしたら，グラフは直線の半分である──図❷。第1象限だけしか考えられないからである。これがO点をつき抜けて第3象限までのびるためには，xが負のとき，$2x$が負になる必要がある──図❸。つまり，
　　　正数×負数＝負数
の法則が必要になる。もし，つむじ曲りの人がいて，
　　　正数×負数＝正数
という規則を定めたとしたら，$y=2x$のグラフは直線とはならず，図❹のようにOの点で折れたものになるだろう。

例3──二つの電荷はたがいに力を及ぼし合うが、そのときの力の大きさはクーロンの法則で与えられている。二つの小さな電荷 e, e' の間に働く力は、距離の2乗に反比例し、その電荷の積 ee' に比例する。同種類の電荷は反発し、異種類の電荷は相引く。力をFで表わすと、

$$F = \frac{ee'}{r^2}$$

このとき、反発する力をFとすれば、e と e' がともに＋のときはFは＋、ともに－のときもFは＋、また、e と e' が＋と－になったら、Fは－になって相引く力となる。だから、上の公式は力の絶対値を与えるばかりではなく、引くか反発するかの法則をも含んでいるのである。この公式は陰陽の電気のあらゆる場合に通用するのである。こうなったわけは正負の数の乗法の規則がうまく定められているからである。だから、つぎのようにいえる。

　　　〝数学は自然法則を反映する〟

正負の数の乗法の規則は、無数の法則からぬき出されたものであった。それは自然法則そのものではないが、それらの法則を反映している〝法則の法則〟とでもいうべきものである。

世の中には、数学は若干の公理から演繹的に導き出されるもので、自然の法則とはまるで無関係なものであるという人があるが、以上のべたことは、どう考えたらよいだろう。公理から導き出すことができるにせよ、その公理は自然や社会のすがたを深く反映するようにえらばれているのである。もしそうでなかったら、数学は何の役にも立たない知恵の輪あそびのようなものとなってしまったであろう。

●──除法

乗法の規則が得られたので、その逆演算と考えると、除法の規則はすぐ見出せる。

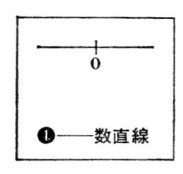

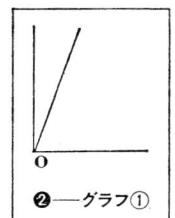

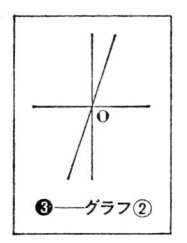

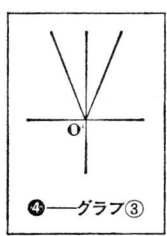

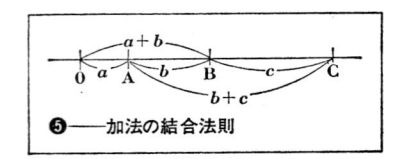

$$\overset{+}{5}\times\overset{+}{2}=\overset{+}{10} \quad \text{から} \quad \overset{+}{10}\div\overset{+}{2}=\overset{+}{5}$$
$$\overset{-}{5}\times\overset{-}{2}=\overset{+}{10} \quad \text{から} \quad \overset{-}{10}\div\overset{-}{2}=\overset{+}{5}$$
$$\overset{+}{5}\times\overset{-}{2}=\overset{-}{10} \quad \text{から} \quad \overset{-}{10}\div\overset{+}{2}=\overset{-}{5}$$
$$\overset{-}{5}\times\overset{-}{2}=\overset{+}{10} \quad \text{から} \quad \overset{+}{10}\div\overset{-}{2}=\overset{-}{5}$$

❺——加法の結合法則

つまり，符号の規則を書くと，次のようになっている。

　　　正÷正＝正　　　負÷正＝負
　　　負÷負＝正　　　正÷負＝負

絶対値は，ふつうの除法で求めればよい。

この法則は"速度＝距離÷時間"の公式に適用してあてはまる。

㊃——古い法則は保存されるか

正数について成立していたいろいろの法則，たとえば，交換法則や結合法則などは，新しい数が入ってきても保存されるだろうか。これをしらべよう。

❶——加法の交換法則

正数と正数を加えるとき，加える順序を変えても答えは変わらなかった。

　　　$a+b=b+a$

ここで，$a, b,$ が正負の数であっても同じである。a が正，b が負だったら，絶対値の差をとって，絶対値の大きな方の符号をつけるのだから，$a+b$ でも $b+a$ でも同じになる。また，両方とも負のときは，絶対値の和をつくるのは"正数＋正数"の場合の交換法則によって答えは変わらない。それに－の符号をつけるのだから，結果は同じである。

❷——加法の結合法則

直線上をO点からA，B，Cと，つぎつぎに a, b, c だけ歩いたものとしよう——図❺。このとき，a, b, c は正負の数だから，右の方ばかりではなく，反対に左の方にも歩く場合もあろう。つまり，a, b, c が正であるか負であるかにしたがって行きつ，もどりつするのである。

さて，$(a+b)+c$ は A 点では留まらずに，O——→B——→C と歩いた場合である。$a+(b+c)$ は B 点では留まらずに，O——→A——→C と歩いた場合である。ところが，両方とも最後に到着する点はCだから，結局，次

の式が得られる。
$$(a+b)+c=a+(b+c)$$

❸──乗法の交換法則

a, b が正負の数であっても，$ab=ba$ となることである。乗法の規則で，

ab の絶対値＝a の絶対値×b の絶対値

だから，ba の絶対値と等しい。符号は a, b が同符号か異符号かで定まるのだから，a, b の順序には関係はない。だから，a, b が正負の数のときでも，

$$ab=ba$$

となる。

a,b,c	$(ab)c$	$a(bc)$
＋＋＋	＋	＋
＋＋－	－	－
＋－＋	－	－
＋－－	＋	＋
－＋＋	－	－
－＋－	＋	＋
－－＋	＋	＋
－－－	－	－

❻──乗法の結合法則

❹──乗法の結合法則

$(ab)c$ と $a(bc)$ の絶対値は，つぎのようになる。

$$|(a\cdot b)\cdot c|=|a\cdot b|\cdot|c|=(|a|\cdot|b|)\cdot|c|$$
$$|a\cdot(b\cdot c)|=|a|\cdot|b\cdot c|=|a|\cdot(|b|\cdot|c|)$$

ところで，正数には結合法則が成り立っているから，両方は等しい。符号は a, b, c の正負で分けると，8通りの場合がある。いちいちしらべてみると，どの場合でも同じ符号になる──図❻。

❺──分配法則

$$a(b+c)=ab+ac$$

a 点の札を b 枚得た後で，また，c 枚得た。全体で何点得たか。もちろん，a は正負の価をとり得るし，b, c も負になることがある。そのときは本当は失ったときである。得た枚数の合計は $b+c$ であるから，得点は，つぎのようになる。

$$a(b+c)$$

途中で1度得点を数えると，第1回は ab，第2回は ac である。合計は，

$$ab+ac$$

となる。両方とも結果は同じになるはずだから，つぎのようになる。

$$a(b+c)=ab+ac$$

●──── 0の性質

a が正数のとき，0を加えても変わらなかった。
$$a+0=0+a=a$$
これはもちろん，a が負数のときでも同じである。また，他の数に加えて変わらないのは0以外にはない。$a+x=a$ だったら，かならず $x=0$ である。また，0をかけると，答えはいつでも0になる。
$$a \cdot 0 = 0 \cdot a = 0$$
これらの性質は a が負数でも変わらないのである。

●──── 符号を変える

正負の数の絶対値は変えずに符号だけを反対のものに変えることを，たんに符号をかえるという。たとえば，$\overset{+}{2}$ の符号を変えると $\overset{-}{2}$ になるし，$\overset{-}{5}$ の符号を変えると $\overset{+}{5}$ になる。a という文字の符号をかえたものを $\overset{-}{a}$ で表わすことにしよう。このとき，
$$a + \overset{-}{a} = 0$$
となることはいうまでもない。また，次のこともいえる。
$$\overline{a+b} = \overset{-}{a} + \overset{-}{b}$$

●──── 形式不変の原理

乗法の規則は無数に多くの実例から帰納的に得られたもので，自然法則を反映するものであった。しかし，すでにわかったように，正負の数は正数についての交換・結合・分配の法則を形式的にそのまま保存することがたしかめられた。そこで，この考えを逆にして，交換・結合・分配などの法則を満たすある数であるということを手がかりにして，乗法の法則を導き出すことはできないだろうか。次にそのことを考えてみよう。まず $0 \cdot a = a \cdot 0 = 0$ を証明しよう。b を勝手な数とすると，
$$b + 0 = b$$
$$a(b+0) = ab$$
分配法則によって，
$$ab + a \cdot 0 = ab$$
$a \cdot 0$ は ab に加えても，答えは ab だから，これは0以外ではない。
$$a \cdot 0 = 0$$

同じようにして，
$$a \cdot 0 = 0 \cdot a = 0$$
つぎに $\bar{a} \cdot b = \overline{a \cdot b}$ を示そう。
$$a + \bar{a} = 0$$
b をかける。
$$(a + \bar{a})b = 0 \cdot b = 0$$
分配法則によって，
$$ab + \bar{a}b = 0$$
この式から $\bar{a}b$ は $\overline{ab}$ に他ならない。
$$\bar{a}b = \overline{ab}$$
同じようにして，
$$a\bar{b} = \overline{ab}$$
この式をつかうと，a, b のいずれかが負のときは，
$$\text{正} \cdot \text{負} = \text{負}$$
$$\text{負} \cdot \text{正} = \text{負}$$
の法則がでてくる。また，
$$a + \bar{a} = 0$$
に $\bar{b}$ をかけると，
$$(a + \bar{a})\bar{b} = 0 \cdot \bar{b} = 0$$
分配法則によって，
$$a\bar{b} + \bar{a}\bar{b} = 0$$
$\bar{a}\bar{b}$ は $a\bar{b}$ の符号をかえたものである。ところが，$a\bar{b} = \overline{ab}$ だから，$a\bar{b}$ の符号をかえたものは ab 自身である。すなわち，
$$\bar{a}\bar{b} = ab$$
ここで，
$$\text{負} \times \text{負} = \text{正}$$
となるべきであることがわかる。

● ——普通の記号

今まで正負の数を表わすのに $\overset{+}{2}$ とか $\overset{-}{5}$ とかいうように，＋，－の記号を頭の上にのせて書いた。このように普通とちがった書き方をしたのは，＋や－を"たす""ひく"の演算記号と混同しないようにするためであった。

正負の数の計算の規則がいちおうわかったので，これからは普通のように＋2，－5という書き方にもどろう。

これから，$\overset{+}{2}$を＋2，$\overset{-}{5}$を－5と書くことにするから，"プラス2""マイナス5"とよんで，"たす2""ひく5"とよまないように注意を要する。この書き方で，もう一度，加減乗除を行なってみると，次のようになる。

$$(+2)+(-5)=-3$$
$$(-4)+(-6)=-10$$
$$(+3)-(-2)=+5$$
$$(+5)(-3)=-15$$
$$(+10)\div(-5)=-2$$

最初のうちは演算記号と正負の記号をいちいち区別していくことが望ましいが，なれるに従って不必要なものは省略していくほうがよい。たとえば，

$$(+2)+(+3)$$

は，

$$2+3$$

と書いてもよいし，

$$(-2)+(-3)$$

は，

$$-2-3$$

と書いてもよいことにする。－2－3 は －2 から 3 をひくと考えてもよいが，－3 の －は"ひく"ではなく，3 についたマイナスの記号と考えるほうがよい。つまり，演算記号の＋は省略されて書かれていないものと考えるのである。

$$-4+5-3+6$$

という長い式があったら，ここにでてくる－，＋，－，＋という記号は加減の演算記号ではなく，正負の記号と考えるのである。つまり，ていねいな書き方をすると，

$$(-4)+(+5)+(-3)+(+6)$$
$$-4+5-3+6$$
$$=(-4)\ (+5)\ (-3)\ (+6)$$
$$\qquad\uparrow\quad\uparrow\quad\uparrow$$
$$\qquad+\quad+\quad+$$

とみるのである。

10－4は算数のときは"10ひく4"という引き算だったが，この考え方によると，"(＋10)たす(－4)"という足し算なのである。このように加法と減法のまじり合った式は，すべて加法一色と考えてよいことになった。正数ばかりではなく，一般に正負の数のまじった和を**代数和**という。

III——数の系統3——実数と複素数

●——ピタゴラスの教団は，すべての量の比が"整数：整数"であることを主張していたので，教団の一人が無理数を発見したとき，それが世間にもれることを恐れて，口外することを厳重に禁止したのであった。しかし，この秘密がもっとも人目につく記章のなかに潜んでいたのだから，皮肉な話である。——87ページ「有理数と無理数」

●——自然数からはじまって，分数，負数と拡大して実数にまでたどりつく経路をふり返ってみると，演算というものが数を拡げていく原動力になっている。ある一つの演算が古い数の中で自由にできないとき，それを自由にするために新しい数がつぎつぎとつくりだされていった。——97ページ「虚数と複素数」

●——歴史的にいうと，虚数というものが問題にされだしてから，いろいろの曲折を経て堂々と市民権をかち取るまでには数百年を必要とした。それは3次式方程式の解法からである。——99ページ「虚数と複素数」

有理数と無理数

●――有理数

自然数からはじまって，0，分数，負数と数の範囲がひろがっていった。これらの数を**有理数**という。

有理数とは具体的にいえば，次のものの総称である。

①――1, 2, 3, 4, ……などの自然数，または正の整数。

②――$\frac{1}{2}$, $\frac{1}{3}$, $\frac{2}{3}$, $\frac{1}{4}$, $\frac{3}{4}$, ……などの正の分数。

③―― 0（ゼロ）

④――-1, -2, -3, -4, ……などの負の整数。

⑤――$-\frac{1}{2}$, $-\frac{1}{3}$, $-\frac{2}{3}$, $-\frac{1}{4}$, $-\frac{3}{4}$, ……などの負の分数。

⑥――正の整数は，$2=\frac{2}{1}$, $3=\frac{3}{1}$, のように分母が1の分数と考えてよいから，分数の一種と見てよい。

数の世界をこの有理数まで拡げると，加減乗除の計算は自由になってくる。

まず，加法が自由にできる。有理数と有理数を加えると，たとえば，

$$\frac{3}{8}+\frac{5}{12}=\frac{19}{24}$$

$$\frac{2}{7}+(-\frac{3}{5})=-\frac{11}{35}$$

有理数＋有理数＝有理数

和はすべて正負の分数，つまり，有理数である。
また，減法についてもそうである。差はやはり有理数である。

$$\frac{5}{8}-\frac{7}{12}=\frac{1}{24}$$

$$\frac{3}{4}-(-\frac{1}{6})=\frac{11}{12}$$

　　有理数－有理数＝有理数

また，積をつくると，つぎのようになる。

$$\frac{5}{7}\times\frac{3}{8}=\frac{15}{56}$$

$$(-\frac{5}{7})\times\frac{3}{8}=-\frac{15}{56}$$

　　有理数×有理数＝有理数

除法に対しても，やはり，そうである。

$$\frac{3}{8}\div\frac{5}{7}=\frac{3\times7}{8\times5}=\frac{21}{40}$$

$$\frac{3}{8}\div(-\frac{5}{7})=-\frac{21}{40}$$

　　有理数÷有理数＝有理数

まとめて書くと，

$$有理数\begin{Bmatrix}+\\-\\\times\\\div\end{Bmatrix}有理数＝有理数$$

以上のようにみてくると，有理数という数の範囲内では加減乗除という四つの演算が自由に行なわれるのである。有理数のように，加減乗除が自由に行なわれるような数の範囲を，数学者は**体**とよんでいる。

●――**有理数と数直線**

有理数は加減乗除の四則演算が自由にできる，という特性のほかに，もう一つの重要な性質をもっている。それは直線上の点に写したとき，至るところ密にならんでいるということである。

まず，直線上の点に写したとき，整数は1の間隔で左と右にどこまでもならんでいる――図❶。つぎに分母が2の有理数はどうかというと，$\frac{1}{2}$ の

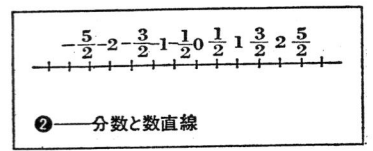

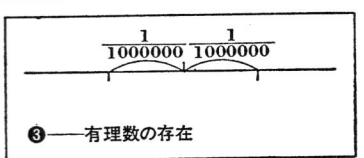

間隔でならんでいる——図❷。分母が3の分数は $\frac{1}{3}$ の間隔でならんでいる。

$$-\frac{5}{3}, -\frac{4}{3}, -1, -\frac{2}{3},$$
$$-\frac{1}{3}, 0, \frac{1}{3}, \frac{2}{3}, 1, \frac{4}{3},$$
$$\frac{5}{3}, \cdots\cdots$$

❷——分数と数直線

❸——有理数の存在

同じように分母が10000の分数は $\frac{1}{10000}$ の間隔でならんでいる。

このように,分母が大きくなればなるほど,その分母をもつ分数はますます密に直線の上に分布されていることになる。

だから,直線からどんなに短い線分を切りとっても,その線分の上には分数,すなわち,有理数がのっているわけである。たとえば,長さが100万分の1の線分をきりとると,200万を分母とする分数がその上にのっている。なぜならば,200万を分母とする分数は200万分の1の間隔で直線上に分布されているからである。

つまり,つぎのことがいえる。

　　"直線からどのように短い線分を切りとっても,その線分には有理数がふくまれている"

このことを別のことばで言いかえると,直線上のどんな点をとっても,いくらでも近い有理数が存在する。

ある点に十分,近いところには有理数がないものとしよう。たとえば,図❸において,ある点から $\frac{1}{1000000}$ へだたったところまでは有理数がないものとしよう。そのとき,その点を中央にして,左右が $\frac{1000000}{1}$ までの線分の上には有理数がないことになって,前のことと矛盾する。

空気のどの部分をとってそれを試験管に入れても,その中には酸素が入っているように,直線からどのように短い線分をとってきても,有理数が入っている。このような事実を"有理数は直線上のいたるところに密である"という。

●——直線のすきま

有理数が直線上いたるところ密に分布されていることから,ただちに,

直線上の点はすべて有理数であると結論したくなるが，これはいささか早計である。なぜなら，有理数ではどうしても表わせない点が直線上に存在すること，換言すれば，有理数では書けない長さが存在するからである。しかも，そのような点が無数に，しかも，有理数と同じように直線上いたるところに密に分布されているのである。これはちょうど空気のどの部分を試験管にとっても，酸素と同じく窒素もかならず入っているようなものである。つまり，有理数にはいたるところ"すきま"があるのである。直線上の点で有理数で書けない点を**無理数**という。

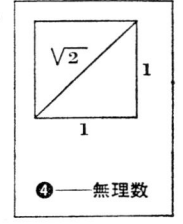

無理数というと，"無理でわからない数"であると考えられがちであるが，この名まえを恐れる必要はない。有理数でない数というだけの意味である。

●———無理数の発見

無理数を最初に発見したのは古代のギリシア人であった。歴史家によると，それはピタゴラス(B.C. 580—500年?)の弟子たちであったらしい。たとえば，辺の長さが1の正方形の対角線の長さ $\sqrt{2}$ は，そのような無理数の一つである——図❹。

$$1^2+1^2=(\sqrt{2})^2$$

$\sqrt{2}$ が無理数であること，つまり，有理数でないことについてはいろいろの証明が考えられている。普通，アリストテレスの証明法が用いられている。しかし，ここでは素因数分解の一意性を使って証明してみよう。

まず $\sqrt{2}$ が有理数，すなわち，分数であると仮定しよう。

$$\sqrt{2}=\frac{n}{m}=\frac{2^{a'}\ 3^{b'}\ \cdots\cdots}{2^{a}\ 3^{b}\ \cdots\cdots}$$

最後は $m,\ n$ を素因数に分解したものである。両辺を2乗して分母を払うと，

$$2\cdot(2^a\ 3^b\ \cdots\cdots)^2=(2^{a'}\ 3^{b'}\ \cdots\cdots)^2$$

$$2^{2a+1}\cdot 3^{2b}\cdots\cdots=2^{2a'}3^{2b'}\cdots\cdots$$

両辺で2という素因数にだけ注目すると，左の方は2の奇数乗，右の方

は偶数乗である。奇数と偶数が等しくなることはないから，これは素因数分解の一意性に矛盾する。だから，始めから $\sqrt{2}$ は有理数ではなかったのである。すなわち，無理数だったのである。

$\sqrt{2}$ が無理数であることはプラトンの対話篇『テアイテトス』にものっている。その中で，テオドロスという数学者が $\sqrt{2}$, $\sqrt{3}$ から $\sqrt{17}$ までの平方根が無理数であることを証明したということが言われている。しかし，古代のギリシア人には，$\sqrt{2}$, $\sqrt{3}$, ……，$\sqrt{17}$ が無理数であることの証明はたいへんむずかしいことであったらしいが，今日では何でもない。

いま，n は他の整数の 2 乗になっていない正の整数とする。このとき，n を素因数に分解したら，

$$n = 2^a \cdot 3^b \cdot 5^c \cdots p^l \cdots$$

おのおのの素因数の指数 $a, b, c, \cdots, l, \cdots$ の中には奇数が少なくとも一つはある。全部偶数だったら，n は他の整数の 2 乗になるからである。この一つを p^l とする。もし $\sqrt{n}$ が有理数だったら，

$$\sqrt{n} = \frac{2^{a''} \cdot 3^{b''} \cdot 5^{c''} \cdots p^{l''} \cdots}{2^{a'} \cdot 3^{b'} \cdot 5^{c'} \cdots p^{l'} \cdots}$$

2乗して分母をはらうと，

$$n \cdot (2^{a'} \cdot 3^{b'} \cdots p^{l'} \cdots)^2 = (2^{a''} \cdot 3^{b''} \cdots p^{l''} \cdots)^2$$

$$2^a \cdot 3^b \cdots p^l \cdots 2^{2a'} \cdot 3^{2b'} \cdots p^{2l'} \cdots$$

$$= 2^{2a''} \cdot 3^{2b''} \cdots p^{2l''} \cdots$$

p の指数を比較すると，

$$2^{a+2a'} \cdot 3^{b+2b'} \cdots p^{l+2l'} \cdots = 2^{2a''} \cdot 3^{2b''} \cdots p^{2l''} \cdots$$

左の方の p の指数は $l+2l'$，右の方は $2l''$ である。l は奇数であるから，$l+2l'$ は奇数，$2l''$ は偶数となる。素因数分解の一意性によると，

$$l + 2l' = 2l''$$

　　奇数＝偶数

となって矛盾がおこる。だから，$\sqrt{n}$ は有理数ではなく，無理数である。つまり，次のことが言える。

　　"n が他の整数の 2 乗とならない正の整数であるとき，$\sqrt{n}$ は無理数である"

だから，$\sqrt{2}$, $\sqrt{3}$, $\sqrt{5}$, $\sqrt{6}$, $\sqrt{7}$, ……などはすべて無理数である。したがって，有理数が無限にあるように，無理数も無限にあ

ることがわかる。

ピタゴラス学派の人がどうして無理数を発見したかはわからないが、星形五角形から考えついたらしいという人もある——図❺。図の星形五角形はペンタグランマ(Pentagramma)とよばれて、ピタゴラスのたてた教団の記章であった。この図形の中に無理数が隠されているのである。

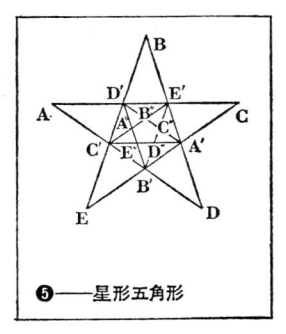

❺——星形五角形

このペンタグランマで、AC と AE′ の比の値が無理数なのである。もし有理数だったら、AC と AE′ の比は整数の比になる。

　　　AC：AE′＝整数：整数

整数の比だったら互除法によって最大公約数がみつかるはずである。

　　　AC＝AE′×1＋E′C

E′C は AD′ だから，

　　　＝AE′×1＋AD′

　　　AE′＝AD′×1＋D′E′

AD′＝C′A′, D′E′＝C′D″ だから，

　　　C′A′＝C′D″×1＋D″A′

ところで、C′A′ と C′D″ の比は最初の AC と AE′ の比とまったく同じである。なぜなら、A′B′C′D′E′ もまた星形五角形で、条件はまったく同じである。だから、この互除法はどこまで行っても終わることはない。これは最初に

　　　AC：AE′＝整数：整数

と仮定したことが誤りだったのである。したがって、$\dfrac{AC}{AE′}$ はどうしても無理数でなければならない。計算すると、この値は

$$\dfrac{1+\sqrt{5}}{2}$$

である。

ピタゴラスの教団はすべての量の比が〝整数：整数〟であることを主張していたので、教団の一人が無理数を発見したとき、それが世間にもれることを恐れて、口外することを厳重に禁止したのであった。しかし、この秘密がもっとも人目につく記章の中に潜んでいたのだから、皮肉な話である。

●——無理数はいたるところ密にある

まず，有理数と無理数を加えると無理数になることを示そう。
a が有理数で b が無理数だったら，その和

$$a+b=c$$

はかならず無理数になる。もし c が有理数だったら，$a+b=c$ から，

$$b=c-a$$

となる。c も a も有理数なら，その差

$$c-a=b$$

は有理数になるはずで，b が無理数という仮定に反する。
だから，c はどうしても無理数でなければならない。
さて，有理数の集まりはいたるところ密であることはすでにわかっていたが，この有理数全体の集まりをそっくりそのまま $\sqrt{2}$ だけ右に移動してみよう。うつった後でもいたるところ密になっていることはいうまでもない。その各点はみな $\sqrt{2}$ だけ加わることになる。たとえば，$\frac{2}{3}$ は，

$$\frac{2}{3}+\sqrt{2}$$

に，$\frac{4}{5}$ は，

$$\frac{4}{5}+\sqrt{2}$$

にうつる。このうつった点は，

　　　有理数＋無理数＝無理数

であるから，すべて無理数になる。このように，

　　　有理数＋$\sqrt{2}$

の形の無理数だけをとってもいたるところ密に分布されているから，他の無理数も合わせたら，なおさら密になっているわけである。
空気の中に酸素も窒素もいたるところ密に混合しているように，直線上には有理数も無理数もいたるところ密に分布されているのである。
有理数と無理数は完全にまざり合って直線を満たしている。このありさまを図に示すことはできない。頭の中で想像するほかはない。たとえば，有理数を黒点で表わすと，どんなに小さく表わしても，長さがあるので，その中には無理数が入りこんでくるからである。

実数の性質

●──実数と切断

有理数だけで直線をうめつくすことができないので,そのすきまをうめるものとして無理数が考え出された。だから,有理数と無理数を合わせると,直線全体になる。この直線全体の点に相当する数を総称して**実数**という。だから,有理数と無理数を合わせたものが実数である。

有理数と無理数を合わせた実数まで考えると,すきまのない直線になるので,正方形の対角線の長さでも,その他どんな量でも表わすことができる。実数の中で有理数は,

$$\frac{整数}{整数}$$

とかけるので,書き表わすのにも簡単であり,計算もらくである。しかし,無理数はそれほど簡単に書き表わすこともできず,計算も容易でないことが多い。

そこで,無理数をもっと系統的に,できるだけやさしくとらえることが試みられるようになった。その際,考えのもとになるのは有理数を足場にして無理数を理解するということである。なぜなら,どんな無理数でも,その近くに有理数があるから,したがって,いくらでも精密に有理数で近似できるのである。

このような考えにもとづいて,有理数を足場にして無理数を理解する方法を示したのがデデキント(1831—1916年)の切断(Schnitt)である。そのさい,有理数の性質として,まず注目すべきことは,つぎのことである。

①――有理数には大小の順序がある。
②――一つの数は有理数全体を，それより大きな数の集まりと，それより小さな数の集まりに分ける。つまり，直線の上でいうと，直線を左右に切断する――図❶。

数が直線を切断する，という事実を逆に利用して，切断ということから無理数を理解しようとしたのである。

まず，最初は有理数だけを考える。これから無理数を考えるところだから，無理数が何であるかは，しばらくの間，知らないことにする。

有理数全体Rを A_1，A_2という二つの部分に分けたとき，つぎの条件を満足するとき，この分け方を**切断**という。

"A_1に属する数はすべて A_2に属する数より小さい"。

Rを分けるしかたにもいろいろある。たとえば，図❷のように"まだら"に分けることもできる。しかし，このような分け方は切断とは言わない。図からわかるように，A_1の中には A_2の中の数より大きなものもあるからである。だから，切断といえば，どうしても図❸のようなものでなければならない。

このような分け方，つまり，切断にも二通りある。

①――A_1の中に最大のものがあるか，A_2の中に最小のものがある場合。
②――A_1の中に最大もなく，A_2の中に最小もない場合。

①の場合は境目が有理数になっているから，この切断は有理数を表わす。この場合はたいして問題ではない。

②の場合は，有理数の左と右という分かれ方で切断が与えられるのではない。このとき，切断は無理数を表わすことになる。このときが重要である。

②の場合の例として，つぎのような切断を考えよう。

㋐――A_2としては $2<x^2$ となるような正の有理数の全体。
㋑――A_1としては，A_2以外の有理数の全体，くわしくいうと，$x^2\leqq2$ となる正の有理数と負の有理数の全体。

まず，有理数を A_1 と A_2 に分ける分け方は切断である。なぜなら，a が A_1 に属し，b が A_2 に属すれば，

$a<0$ または $0<a$　$a^2<2$
$2<b^2$　$0<b$

このとき，$a<b$ となることは明らかである。このような切断では，

$1^2=1<2$　$1.4^2=1.96<2$
$1.41^2=1.9881<2$　……

であるから，1，1.4，1.41，……は A_1 に属し，

$2^2=4>2$　$1.5^2=2.25>2$
$1.42^2=2.0164>2$　……

であるから，2，1.5，1.42，……は A_2 に属する。

だから，その境目に当たるのは1.41……という数であり，これが $\sqrt{2}$ である──図❹。このような切断では，A_1 にも最大がなく，A_2 にも最小がない。

このようにして，"数が切断をきめる"ということから，"切断が数をきめる"と考えたのである。このようにすると，有理数のすきまがすべて埋められたわけである。

切断は無数の有理数の集まりを考えるのだから，実際の計算には便利ではない。しかし，考え方としては簡単である。

❶──切断

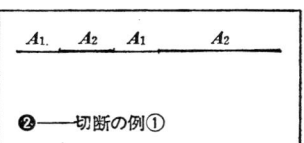

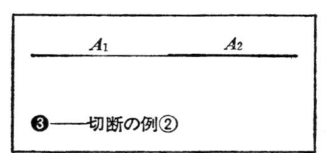

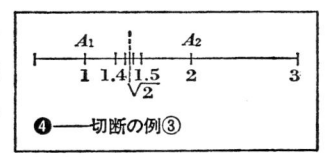

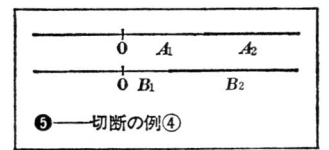

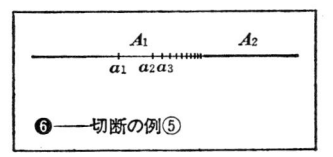

❷──切断の例①

❸──切断の例②

❹──切断の例③

❺──切断の例④

❻──切断の例⑤

● ──実数の加減乗除

実数を切断として考えるとすれば，加減乗除も切断で考えなければならない。a が (A_1, A_2) という切断で，b が (B_1, B_2) という切断で表わされるとき，$a+b$ はどのような切断で表わされるだろうか──図❺。

このとき，A_1 に属する a_1 と，B_1 に属する b_1 から a_1+b_1 をつくる。このような有理数の全体を C_1 で表わし，A_2 に属する a_2 と，B_2 に属する b_2 で a_2+b_2 をつくり，このような有理数の全体で C_2 をつくる。このと

き，C_1，C_2 という切断が $a+b$ を与えるのである．こうすれば，切断だけで加法を定義することができるのである．減法・乗法・除法も同じように定義できるが，ここでは省略することにする．

●――実数の完備性

$\sqrt{2}$ を与える切断では A_1 の方にも最大がなく，A_2 にも最小がない．だから，A_1 の中で，

　　　　1，1.4，1.41，1.414，……

という有理数の列をつくると，この列はだんだん増加している．また，どれも 2 以下である．このような数の列があっても，だんだんと近づく目標の数，すなわち，極限は**有理数の中にはない**．

なぜなら，目標の数が有理数だとして，A_1 に属すれば，A_1 には最大がないから，この数列のどれかで追い越されてしまう．また，A_2 に属するとしたら，A_2 には最小がないから，この数列の目標となるには大きすぎる．

いずれにせよ，1.4，1.41，…… という列が近づく目標は有理数の中にはない．しかし，無理数まで考えると，$\sqrt{2}$ という近づく目標，つまり，極限が存在する．

$$a_1 < a_2 < a_3 < \cdots\cdots < a_n < \cdots\cdots < M$$

がだんだんふえていく実数の列ですべて M より小さいとする．このとき，a_1，a_2，…… の極限は実数の中にはかならずある．

つぎの切断を考える――図❻．

①――A_2 としては a_1，a_2，……，a_n，…… のどれよりも大きい有理数の全体．

②――A_1 としては A_2 以外の有理数の全体，すなわち，a_1，a_2，……，a_n，…… のどれかより小さくなるか，それとも等しい有理数の全体．

このような切断が極限としての実数を与えるのである．

この定理が解析学，とくに微分積分学の基礎であって，これがなくては解析学はほとんど組み立てることができないのである．

むしろ，この定理を成立させるために，有理数に無理数をつけ加えて実数を考えねばならなくなったのである．有理数の範囲内だけでは，加減

乗除の演算は自由にできるが、"極限をとる"という演算は自由にできない。この極限をとる演算を自由にするために、有理数を実数まで拡げたのである。

●──指数の一般化

乗法を累加と考えているとき、$2 \times 5 = 2+2+2+2+2$ の中の5はくり返して加える回数を示す5であった。同じように 2^5 は2を5回掛け合わせること、すなわち、累乗の回数を表わす5である。

$$2^5 = 2 \cdot 2 \cdot 2 \cdot 2 \cdot 2$$

ところが、"はたらき"の回数を表わす数はいつも自然数であって、"$\frac{1}{2}$回"などということは、本来、考えられないことである。しかし、累加の場合では、"$\frac{1}{2}$回加える"ということを何とか考えざるを得ないようになったが、累乗の場合でも、"$\frac{1}{2}$回掛ける"ということを何とか考えざるを得なくなる。たとえば、"3を$\frac{1}{2}$回掛ける"すなわち、$3^{\frac{1}{2}}$ はどう考えたらよいだろうか。

ここでも、手がかりは自然数の場合に成立している累乗の**法則**である。その法則としては次のものがある。

$$3^m \cdot 3^n = 3^{m+n}$$

これは累乗の意味にもどって考えるとすぐわかる。

$$3^m \cdot 3^n = \underbrace{(3 \cdot 3 \cdots\cdots 3)}_{m\text{回}} \cdot \underbrace{(3 \cdot 3 \cdots\cdots 3)}_{n\text{回}} = \underbrace{3 \cdot 3 \cdot 3 \cdots\cdots 3 \cdots\cdots}_{m+n\text{回}} = 3^{m+n}$$

この法則、すなわち、**指数法則**を手がかりにしよう。

m, n が分数のときも、この指数法則が形式的には変わらないためには、$3^{\frac{1}{2}}$の意味は何でなくてはならないだろうか。

$3^m \cdot 3^n = 3^{m+n}$ で $m = \frac{1}{2}$, $n = \frac{1}{2}$ とすると、

$$3^{\frac{1}{2}} \cdot 3^{\frac{1}{2}} = 3^{\frac{1}{2}+\frac{1}{2}} = 3^1 = 3$$

この式をみると、$3^{\frac{1}{2}}$は、まだ何だか不明であるが、2回かけ合わせる、すなわち、2乗すると3になるような数である。このような数は$\pm\sqrt{3}$にほかならない。とくに$+\sqrt{3}$だけをとることにすると、結局、

$$3^{\frac{1}{2}} = \sqrt{3}$$

同じように、たとえば、$5^{\frac{1}{3}}$は、

$$5^{\frac{1}{3}} \cdot 5^{\frac{1}{3}} \cdot 5^{\frac{1}{3}} = 5^{\frac{1}{3}+\frac{1}{3}+\frac{1}{3}} = 5^1 = 5$$

から，3乗して5になる数だから，$\sqrt[3]{5}$ であることがわかる。だから（　）$^{\frac{1}{2}}$，（　）$^{\frac{1}{3}}$ は平方根，立方根をとることと同じである。また，$5^{\frac{3}{4}}$ などは，

$$5^{\frac{3}{4}} \cdot 5^{\frac{3}{4}} \cdot 5^{\frac{3}{4}} \cdot 5^{\frac{3}{4}} = 5^{\frac{3}{4}+\frac{3}{4}+\frac{3}{4}+\frac{3}{4}} = 5^3$$

で，4乗して 5^3 になる数だから，$\sqrt[4]{5^3}$ である。一方ではまた，

$$5^{\frac{3}{4}} = 5^{\frac{1}{4}} \cdot 5^{\frac{1}{4}} \cdot 5^{\frac{1}{4}} = (\sqrt[4]{5})^3$$

ともなる。だから，

$$5^{\frac{3}{4}} = \sqrt[4]{5^3} = (\sqrt[4]{5})^3$$

このように考えると，分数を指数とする累乗の意味がはっきりと定まった。

つぎに0や負数の指数はどう考えたらよいだろうか。ここでもやはり指数法則を手がかりにする。まず 2^0 の意味を考えよう。指数法則が $n=0$ のときも成り立つものとすれば，

$$2^m \cdot 2^0 = 2^{m+0} = 2^m$$

この式をみると，2^0 は何だかわからないが，2^m に掛けて答えが 2^m になる数である。だから，1であるほかはない。

$$2^0 = 1$$

これは別に2でなくとも，0でない実数なら何でもよい。

$$a^0 = 1 \quad (a \neq 0)$$

2^0 がわかったので，こんどは 2^{-3} にうつろう。指数法則が成り立つものとすると，

$$2^3 \cdot 2^{-3} = 2^{3+(-3)} = 2^0 = 1$$

だから，2^{-3} は 2^3 とかけて1になるような数である。これは $\frac{1}{2^3}$ であるほかはない。

$$2^{-3} = \frac{1}{2^3}$$

一般的には，

$$a^{-m} = \frac{1}{a^m}$$

このようにすると，指数が正負の分数，または有理数のとき，$a^m (a>0)$ の意味ははっきりときまった。つぎには m が無理数のときにはどのよう

に定めたらよいだろうか。

まず，$a>1$ のときには，$m>n$ だったら，$a^m>a^n$ であることに注意しよう。m, n が自然数のときは $a^m>a^n$ は明らかである。m, n が分数のときは通分して，

$$m=\frac{q}{p} \qquad n=\frac{q'}{p}$$

とすれば，$q>q'$ であるから，

$$a^q>a^{q'}$$

両辺の p 乗根をつくると，

$$a^{\frac{q}{p}}>a^{\frac{q'}{p}}$$

$$a^m>a^n$$

いずれにせよ，$a^m>a^n$ が言える。

いま，l が無理数のとき，l をきめる切断を B, B' とする。B に属する無理数 t で a^t をつくって，a^t のどれよりも大きい有理数全体を C_2 として，それ以外の有理数を C_1 とする。このとき，C_1, C_2 という切断が a^l を定めるのである。

実際的には，$a^{\sqrt{2}}$ をきめるには，

$$1, 1.4, 1.41, 1.414, 1.4142, \cdots\cdots \longrightarrow \sqrt{2}$$

に対して，

$$a^1, a^{1.4}, a^{1.41}, a^{1.414}, a^{1.4142}, \cdots\cdots$$

をつくって，その数列が何に近づくかをみれば，それが $a^{\sqrt{2}}$ なのである。

$$a^{1.}, a^{1.4}, a^{1.41}, a^{1.4142}, \cdots\cdots \longrightarrow a^{\sqrt{2}}$$

このように考えると，正の実数 a と任意の実数 m に対する a^m がはっきりと定まったのである。

虚数と複素数

●——自然数から実数まで

複素数の説明にうつるまえに,自然数からはじまって,分数,負数と拡大して実数までにたどりついた経路をもう一度ふりかえってみよう。

自然数 1, 2, 3, 4, 5, ……はもちろん具体的なものの個数から生まれた。しかし,1, 2, 3, 4, ……という数の間に加法(+)や乗法(×)の必要が起こってくると,有限の自然数では間に合わず,結局,限りなくつづく自然数列の必要が起こってくる。

$$\text{自然数} \xrightarrow{+,\ ×} \text{無限の自然数列}$$

このように無限の自然数列を考えると,+と×は自由にできる。つまり,+と×に対して閉じている。

しかし,これだけでは×の逆演算である÷は自由にできない。2÷3は自然数の中ではできない。そこで,分数が必要になる。

$$\text{無限の自然数列} \xrightarrow{÷} \text{分数}$$

正の整数や分数まで考えると,+・×・÷は自由にできるが,−は自由にはできない。2−3は正数の中ではできないのである。そこで,負数や0が必要になる。

$$\text{正数} \xrightarrow{-} \text{負数}$$

正負の整数や分数と0を合わせて有理数というが,この有理数全体を考えると,+・−・×・÷が自由にできる。つまり,有理数は四則に対し

て閉じているのである。

しかし，有理数を直線の上にとると，すきまがある。そのために有理数の中では極限がとれない。すきまを埋めるために無理数が必要になる。無理数をつけ加えると，実数ができるが，この実数の中では四則も極限をとることも自由にできる。このようにして自然数からついに実数が生まれてきたのである。

以上の経路をふり返ってみると，演算というものが数を拡げていく原動力になっていることがわかる。ある一つの演算が古い数の中で自由にできないとき，それを自由にするために新しい数がつくり出されたのである。

自然数から分数がでてきたときは×の逆演算がもとであったし，正数から負数がでてきたときは，＋の逆演算－が原動力になった。こうしてみると，逆演算が数の範囲を拡げていくときの原動力になることが多いのである。

● ── 実数から複素数へ

それでは実数だけでは足りずに，さらに複素数という新しい数をつくり出さねばならなかったのはなぜだろうか。実数は四則も極限をとる演算も自由であるのに，どんな演算が不自由で新しい数を考えたのであろうか。

実数の範囲で自由にできない演算というのは四則の逆演算なのである。四則が実数の範囲内で自由にやれることは前にのべたとおりである。だから，xという実数から，たとえば，つぎの式にしたがってyを計算することは，いつでもできる。

$$\frac{2x^4+5x}{x^2-1}=y$$

左辺の式は ＋・－・×・÷ を組み合わせてできたものだからである。だから，四則の演算の組み合わせでxからyが得られた，といってよい。

$$x \xrightarrow{\text{四則演算}} y$$

しかし，ここで，yからxを求める逆演算を考えたらどうだろうか。たとえば，$y=2$ に対するxの値を求めるにはどうしたらよいだろうか。

$$\frac{2x^4+5x}{x^2-1}=2$$

分母をはらって整頓すると，
$$2x^4-2x^2+5x+2=0$$
これは四則演算ではとけない。4次の代数方程式をとく必要が起こってくる。

この例からわかるように，四則の逆演算は"代数方程式を解く"という演算なのである。

さて，この四則の逆演算，すなわち，"代数方程式をとく"という演算は，実数の範囲内で自由にできるだろうか。答えは否である。一つの実例を示そう。
$$x^2=y$$
という四則演算で，x を y に変えたとき，y から x を求めることは常にできるとは限らないのである。たとえば，$y=-1$ に対する x は実数の範囲内には存在しない。x^2 はけっして -1 にはなれないからである。そこで，"代数方程式を解く"という演算も自由にできるようにするには，実数というワクを破って新しい数を導き入れることが要求される。そのような数が虚数である。

●――虚数の発見

2次方程式を考えるようになると，虚数は自然に問題になってくる。たとえば，
$$x^2+2x+3=0$$
という2次方程式には実数の根は存在しないからである。これを解こうとすると，
$$x^2+2x+1+2=0$$
$$(x+1)^2=-2$$
x が実数であるかぎり，左辺は負となることはできないのに，右辺は -2 である。これは不合理である。

このような事態に出会ったとき，今までしばしばあったように二つの態度が可能である。

一つはあくまで実数のワクを固守して，この方程式には"根はない"といって，方程式を立てたのが始めから不合理だという立場である。もう一つはこの方程式にも根をもたせるように，何とか数の範囲を拡げていこ

うとする立場である。どちらも誤りとはいえないが、数学はいつでも後者の立場をとりながら進んできたことは事実である。整数だけしか数とみとめない人にとっては、$3x=2$ は解けない方程式であったし、正数しかみとめない人には、$x+5=0$ はやはり解けない方程式であった。ここでも、やはり、われわれは後者の立場をとることにしよう。

しかし、歴史的にいうと、虚数というものが問題にされだしてから、いろいろの曲折を経て堂々と市民権をかち取るまでには数百年を必要とした。虚数というものが数学者の間で真剣にとり上げられはじめたのは、おそらく3次方程式の解法からであろう。

$$x^3+px+q=0$$

という3次方程式を解くには、カルダノの公式というのがある。それによると、x は次のようになる。

$$x=\sqrt[3]{-\frac{q}{2}+\sqrt{\left(\frac{q}{2}\right)^2+\left(\frac{p}{3}\right)^3}}+\sqrt[3]{-\frac{q}{2}-\sqrt{\left(\frac{q}{2}\right)^2+\left(\frac{p}{3}\right)^3}}$$

この公式によって、どんな3次方程式でもとけるのである。しかし、ここで奇妙なことが起こる。たとえば、

$$x^3-21x+20=0$$

という方程式を考えてみよう。この方程式にカルダノの公式をあてはめてみると、$p=-21$, $q=20$ であるから、

$$x=\sqrt[3]{-10+\sqrt{-243}}+\sqrt[3]{-10-\sqrt{-243}}$$

となって、この式の中には $\sqrt{-243}$ という実数でない数が現われてくる。ところが、この式を計算してみると(計算略)、

$$x=1,\ 4,\ -5$$

という三つの実数が得られるのである。

こうなると、$\sqrt{-243}$ は不合理だといって頭から排斥することもできなくなる。実数の根を計算するのに、途中で $\sqrt{-243}$ を使わねばならないのである。2次方程式の場合は、$\sqrt{-243}$ のようなものは頭から認めない、という態度で押し通せたのであるが、3次方程式では、そうはいかなくなったのである。

カルダノもこのような数をぜんぜん無視できないことを注意したのであ

る。それ以来，実数でない $\sqrt{-243}$ のような数，すなわち，虚数が数学者の研究課題となった。しかし，長い間，この虚数は数学者を悩ましつづけた。おそらく虚数は長い間，半信半疑のような気持ちで取りあつかわれたものらしい。ライプニッツ(1646—1716年)は虚数に対する そのような気持ちをつぎのようなことばで巧みに表現した。

> 解析の驚異であり，観念の世界の怪物であり，尾をもって実在と非実在の間に両棲する。これが虚数である。

ライプニッツより半世紀後に生まれたオイレル(1707—1783年)も，やはり同じような見方をしている。
『代数学入門』の中でつぎのようにいっている。

> 負数の平方根をつくることが要求されると，われわれは当惑せざるを得ない。平方して負数になる数は存在しないからである。……だから そのような数(負数の平方根)は 不可能な数といわなければならない。そういうわけだから，性質上からいうと不可能であって，ただ想像の中でだけ存在し得るので，ふつう虚数または想像数と名づけられる数の考えに到達する。

オイレルの説明はすこぶる明瞭を欠いていて，ライプニッツのいうように，尾をもった怪物をとらえかねているありさまである。
要するに，彼の時代までは，虚数というものは不合理な数ではあるが，うまく使えば役に立つので，いちがいに排斥するわけにはいかないものだ，というくらいの気持ちであったらしい。ライプニッツも別のところでのべている。

> 平方根をとると不可能数もしくは虚数が生まれるが，この数の性質は奇妙でも，有益という点ではバカにできないのである。

このようなあいまいな考え方を一掃して，虚数のために押しも押されもしない存在権を確立したのはガウス(1777—1855年)であった。ガウス以前にもノルウェーの測量技師・ウェッセル(1745—1818年)が同じ考えを出したことは注目に値する。

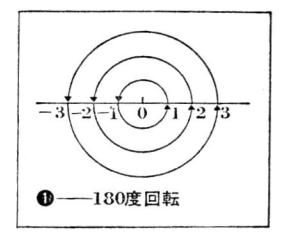

❶——180度回転

●——ガウスの平面

実数を直線上の点で表わすと，すきまなく満たされてしまうことはすでにわかっている。だから，実数でない $\sqrt{-1}$ のような数を直線上の点で表わすことは断念するほかはない。そこで，直線の外をさがすことにしよう。

まず直線から平面まで目を拡げてみよう。$\sqrt{-1}=i$ とおいてみよう。i は $i^2=-1$ となるようなある数であるとする。この i を平面上のどの点で表わしたらよいかを考えよう。

ところで，-1 はどのような数であろうか。-1 は乗法に対して著しい性質をもっている。実数の世界で，ある数に -1 を掛けると，その数の絶対値は変わらず符号だけが変わる。

$$1 \longrightarrow -1$$
$$2 \longrightarrow -2$$
$$3 \longrightarrow -3$$
$$\cdots\cdots$$
$$-1 \longrightarrow 1$$
$$-2 \longrightarrow 2$$
$$-3 \longrightarrow 3$$
$$\cdots\cdots$$

これを図示すると，図❶のようになる。換言すれば，

$$\square \times (-1)$$

は直線をOのまわりに180度だけ平面の中で回転するはたらきと同じである。ところが，$i^2=-1$ であるから，

$$\square \times (-1) = \square \times i \times i$$

となるはずである。つまり，$\square \times i$ を2回繰り返すと，180度の回転と

同じになるわけである。そうなると，□×i はどうしても 90 度の回転と考えたほうが合理的であろう——**図❷**。

ところで，×i で，1 は 1×i＝i になるから，i は y 軸の上の 1 のところに来るはずである。

このように i の位置がきまると，

$$a+bi$$

の形をもった数の位置は自然にきまる。それは，x 座標が a で y 座標が b となる点である。このようにして，$a+bi$ という形の数はすべて平面上の点で表わされることになった。

ガウスは，

$$a+bi \quad (a, b \text{ は実数}, i^2=-1)$$

という形の 数を **複素数**(complex number)とよんだ。また，このように，おのおのの点が複素数を表わすものと見たときの平面を**ガウスの平面**という——**図❸**。虚数という名称は"想像的"とか"不可能な"とかいう意味をもつが，複素数という名まえであったら，実数より少し複雑な数というので，存在することが言外に含まれている。

$$c=a+bi$$

という複素数を平面上の点で表わすことは以上のとおりであるが，この数は a, b 二つの実数できまるので，a, b にそれぞれ名称を与えておく必要がおこる。b が 0 だったら，

$$c=a+0i=a$$

で，実数になる。だから，a を c の **実部** という。それに対して b を **虚部** というのである。だから，虚部が 0 となる複素数が実数である。したがって，今までの実数は特別な複素数である。

●——**複素数の等式**

複素数が 0 になるためには，実部も虚部もともに 0 になる必要がある。

$$c=a+bi=0$$

として，$b \neq 0$ ならば，

$$i=-\frac{a}{b}$$

2 乗すると，

$$i^2 = \left(-\frac{a}{b}\right)^2$$

したがって,

$$-1 = \frac{a^2}{b^2} \geqq 0$$

となって不合理である。だから，$b=0$，そこで，$a=0$ にもなる。

だから，二つの複素数 $c=a+bi$ と $c'=a'+b'i$ が等しいためには，

$$c = c'$$
$$(a-a') + (b-b')i = 0$$

であるから，どうしても，

$$a = a'$$
$$b = b'$$

とならねばならない。つまり，複素数の等式一つは実数の等式二つと同じ意味になる。

$$c = c' \rightleftarrows \begin{cases} a = a' \\ b = b' \end{cases}$$

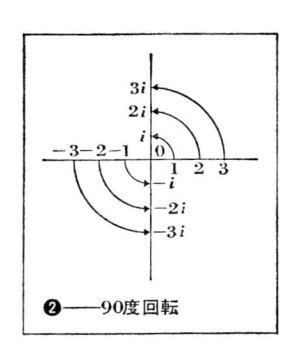

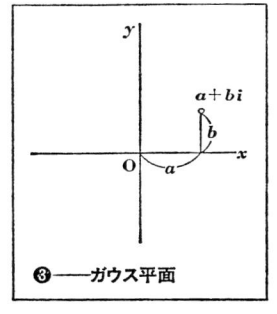

つまり，複素数の一つの等式を計算することは実数の二つの式を計算するのと同じだから，この点にも複素数の効能がかくれている。

❷——90度回転

❸——ガウス平面

複素数の演算

●——加法

つぎに複素数の計算法について考えよう。まず加法はどう考えたらよいだろうか。$a+bi$ という形の数を計算するには，i が普通の文字であるのと同じに考えてやればよい。ただ，i^2 がでてきたら，その都度 $i^2=-1$ でおきかえていくことにする。$c=a+bi$ と $c'=a'+b'i$ の和をつくると，

$$c+c'=(a+bi)+(a'+b'i)=(a+a')+(b+b')i。$$

この結果をガウス平面の上で考えると，O, c, c', $c+c'$ の四点は平行四辺形の頂点になる。なぜなら，図❹で三角形 OAC′ と三角形 CA′(C+C′) をくらべると，二辺夾角が等しくて合同になっているからである。このことから，OC′ と C(C+C′) は平行で，長さが等しいから，O, C, C+C′, C′ は平行四辺形になっていることになる。これは c, c' を O から引いたベクトルと考えると，二つのベクトルを合成した結果が $c+c'$ になっているわけである——図❷。

このことから，ある数に c を加えることは，その点を c だけ平行に移動することを意味する。平面上のあらゆる点が同じように c だけ移動するのだから，平面全体をそのまま移動するものと考えてもよい。そのために，紙の上にもう一枚の紙をのせて c だけ移動してみると，$+c$ の意味がわかる。だから，$+c$ は平面の平行移動である——図❸。

減法は，

$$c-c'=c+(-c')$$

と考えてよいから，$-c'$ だけの平行移動となる。$-c'$ は c' と正反対の

方に向いているベクトルである。だから，c' を引くことは，c' と反対の方向に平面を平行移動することである。

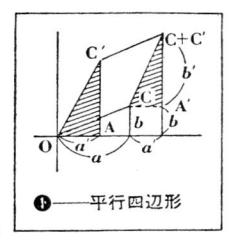

● ―― 絶対値と偏角

乗法の規則をきめるときは実部と虚部というより，絶対値と偏角というものを考えたほうがよい。図❹のような複素数 z があるとき，Oz の長さを z の絶対値といい，$|z|$ で表わす。$\angle xOz$ を偏角といい，$\arg z$ で表わす。偏角は時計の針と反対の回り方を正にとる。絶対値が r で，偏角が θ のとき，x, y との関係はつぎのようになる。

$$\begin{cases} x = r\cos\theta \\ y = r\sin\theta \end{cases}$$

$$\begin{cases} r = \sqrt{x^2+y^2} \\ \theta = \tan^{-1}\dfrac{y}{x} \end{cases}$$

たとえば，1 の絶対値は 1 で，偏角は 0 である。i の絶対値は 1 で，偏角は $\dfrac{\pi}{2}$（ラジアン）である。

● ―― 乗法

まず，正の実数をかけることの意味を考えよう。$z = x + yi$ に，$a > 0$ をかけてみよう。

$$z \times a = (x+yi)a = ax + ayi$$

つまり，x も y も a 倍されるのである。これは図❺でみると，相似形の性質から z というベクトルが同じ方向に a 倍にのびたことを意味している。どの点も同じ方向に a 倍されているのだから，平面全体としては O を中心として放射線にのびたことになる（$a<1$ なら縮む）。だから，この場合はガウス平面をゴム膜でつくって，それを四方八方から引きのばしたことになる。また，ぼうちょう係数の大きい物質を熱したときのようになるといってもよい――図❻。

❶ ―― 平行四辺形

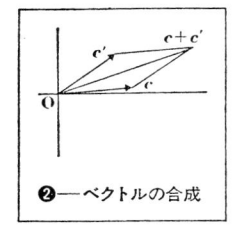

❷ ―― ベクトルの合成

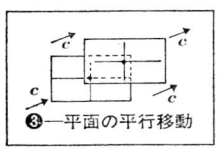

❸ ―― 平面の平行移動

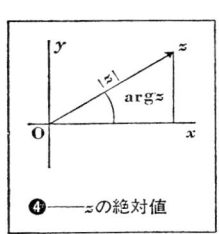

❹ ―― z の絶対値

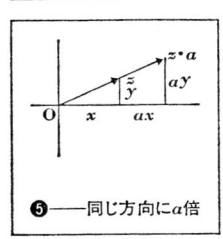

❺ ―― 同じ方向に a 倍

つぎに i をかけることの意味を考えよう。1, i, -1, $-i$ 等に i をかけるならば，

$$1 \longrightarrow 1 \times i = i$$
$$i \longrightarrow i \times i = -1$$
$$-1 \longrightarrow (-1) \times i = -i$$
$$-i \longrightarrow (-i) \times i = 1$$

となり，座標軸全体が90度回転することになる——図❼。

一般に座標の上にない点はどうであろうか。$z = x + yi$ に i をかけると，

$$z \times i = (x + yi) \times i = x \times i + (yi) \times i$$
$$x \longrightarrow x \times i$$
$$yi \longrightarrow yi \times i$$

で，おのおの90度回転する。だから，斜線を入れた長方形はそっくりそのまま90度回転して長方形になる——図❽。だから，対角線の $z = x + yi$ もまた，90度回転する。したがって，$\times i$ によってガウス平面上の任意の点が一様に90度回転することになる。

それでは一般の $c = a + bi$ をかけることはどういう変化を平面に起こすであろうか——図❾。まず，$a > 0$ と仮定しよう。

$$z \times c = z \times (a + bi) = z \times a + z \times bi$$

この式は $z \times a$ と $z \times bi$ を行なって，その結果を加えることを意味している。$z \times a$ は z を同じ方向に伸ばすことであるから OA となる。$z \times bi$ は z を b 倍にのばして90度回転するのであるから AB である。だから，$z \times c = z \times a + z \times bi$ は OB である。

△ODC と △OAB を比較すると，

$$|z| \times \mathrm{OD} = \mathrm{OA}$$
$$|z| \times \mathrm{DC} = \mathrm{AB}$$
$$\angle \mathrm{ODC} = \angle \mathrm{OAB} = \frac{\pi}{2}$$

であるから，

$$\triangle \mathrm{ODC} \backsim \triangle \mathrm{OAB}$$

したがって，

$$\begin{cases} \angle \mathrm{AOB} = \angle \mathrm{DOC} = \arg c \\ \mathrm{OB} = |z| \times \mathrm{OC} \text{ の長さ} = |z| \times |c| \end{cases}$$

絶対値と偏角の関係を式に書くと，
$$\begin{cases} |z \cdot c| = |z| \cdot |c| \\ \arg zc = \arg z + \arg c \end{cases}$$
だから，c という複素数を掛けることは，つぎのことと同じである。

① ── 同じ方向に $|c|$ 倍に伸縮し，
② ── $\arg c$ だけ回転する。

複素数の乗法は伸縮と回転を組み合わしたものである，といってよい。
上の公式を z, z' に書きかえると，次のようになる。
$$\begin{cases} |z \cdot z'| = |z| \cdot |z'| \\ \arg z \cdot z' = \arg z + \arg z' \end{cases}$$
絶対値の関係は実数の場合と形式的に同じである。偏角の関係は積が和になっていることに注意を要する。対数を学んだことのある人は対数の関係式を思い出すにちがいない。もう少し立ち入った研究をすると，対数との関係が明らかになる。

❻ ── ゴム膜を引きのばす

❼ ── 座標軸の回転

❽ ── 90度の回転

❾ ── $a > 0$

● ── オイレルのまちがい
$\sqrt{-1}$，$\sqrt{-2}$，$\sqrt{-3}$，……などの計算は，いつでも一度 i に直してやらないとまちがいが起こりやすい。
$$\sqrt{-1} = i \quad \sqrt{-2} = \sqrt{(-1)2} = \sqrt{2}i$$
$$\sqrt{-3} = \sqrt{3}i \quad \cdots\cdots$$
として計算する必要がある。だから，次のようにやる必要がある。
$$\sqrt{-2} \cdot \sqrt{-3} = \sqrt{2}i \cdot \sqrt{3}i = \sqrt{2}\sqrt{3}i^2 = -\sqrt{2}\sqrt{3}$$
しかし，虚数の考えの確立していなかったガウス以前の時代には，オイレルのような大数学者も思わぬ間違いをやったことがある。『代数学入門』の中で，オイレルはつぎのようにのべている。

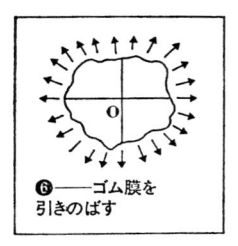

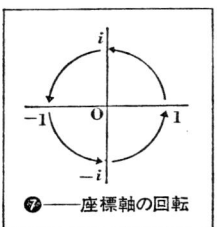

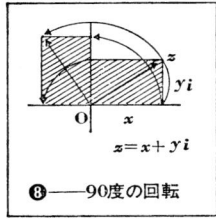

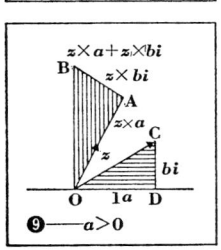

等しい $\sqrt{-3}$ と $\sqrt{-3}$ をかけるときは -3 になる。
$$\sqrt{-3} \cdot \sqrt{-3} = -3$$
しかし，ことなるものをかけるときには，$\sqrt{a}\sqrt{b} = \sqrt{ab}$ だから，
$$\sqrt{-2} \cdot \sqrt{-3} = \sqrt{(-2)(-3)} = \sqrt{6}$$

となるべきだというのである。もしオイレルのような規則で計算したら，乗法の結合法則は成立しなくなる。
$$(\sqrt{-2} \cdot \sqrt{-3}) \cdot \sqrt{-3} = \sqrt{6}\sqrt{-3} = \sqrt{-18}$$
$$\sqrt{-2} \cdot (\sqrt{-3} \cdot \sqrt{-3}) = \sqrt{-2}(-3) = -3\sqrt{-2} = -\sqrt{-18}$$
この二つは明らかに等しくなくなるのである。

● ──乗法の作図

z と z' から $z \cdot z'$ を求める乗法を定木とコンパスだけで作図しようと思えば，次のようにやればよい──図❿。

① ──O，1，z を頂点とする三角形をつくる。
② ──∠1Oz に等しく ∠z'OA をつくる。
③ ──∠O1z に等しく ∠Oz'A をつくる。
④ ──OA と z'A の交点をA とすると，A が $z \cdot z'$ の点である。

△O1z と △Oz'A は二角が等しいから相似である。
　　$\arg A = \arg z + \arg z'$
　　$|A| : |z'| = |z| : 1$
　　ゆえに $|A| = |z| \cdot |z'|$
つまり，A が $z \cdot z'$ になっている。

● ──逆数

実数のときと同じく，複素数でも逆数を考える。
　　$z \cdot z' = 1$
となるような z' を z の逆数といって，$\frac{1}{z}$ または z^{-1} で表わす。このような z' はどのような数であろうか。絶対値をとると，
　　$|z| \cdot |z'| = |1| = 1$

$$|z'|=\frac{1}{|z|}$$

arg をとると,
$$\arg(zz')=\arg 1=0$$
$$\arg z+\arg z'=0$$
$$\arg z'=-\arg z$$

すなわち,絶対値は逆数で,偏角は符号の反対なものである。図示すると,図⓫のようになる。

ここでとくに注意すべきことは z が 0 でなければ,$|z|>0$ であり,したがって,

$$\frac{1}{|z|} \quad や \quad -\arg z$$

はかならず存在し,したがって,$\frac{1}{z}$ はかならず存在することである。

"0 でない複素数の逆数はかならず存在する"
だから,0 でない複素数で割る除法はいつでもできる。したがって,二つの複素数 a, b の積 ab が 0 だったら,a, b のどちらかは 0 でなければならない。$ab=0$ で $a\neq 0$ だったら,両辺に a^{-1} をかけると,

$$b=0\times a^{-1}=0$$

このとき,b はかならず 0 になる。

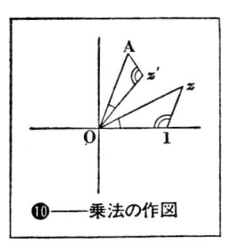

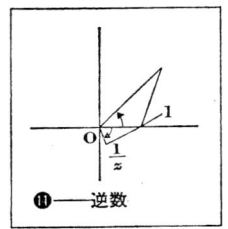

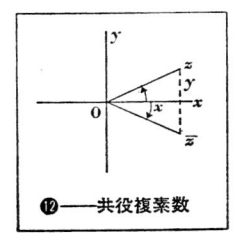

⓾――乗法の作図

⓫――逆数

⓬――共役複素数

● ――共役複素数

ガウス平面で,x 軸を軸として線対称の点をとる必要が起こってくる。$z=x+iy$ と線対称の点を $\bar{z}$ で表わすと,$\bar{z}=x-iy$ である。つまり,z と $\bar{z}$ は実部は等しく,虚部は符号が正反対である。図⓬から絶対値は等しく,偏角は符号が反対である。

$$|\bar{z}|=|z| \qquad \arg\bar{z}=-\arg z$$

また,積をつくると,
$$z\cdot\bar{z}=x^2-(iy)^2=x^2-(-y^2)=x^2+y^2=|z|^2$$
$$z\cdot\bar{z}=|z|^2$$

―をとる演算に対しては,図⓬からつぎのことがいえる。

$$\bar{\bar{z}}=z$$
$$\overline{z\pm z'}=\bar{z}\pm\overline{z'}$$
$$\overline{z\cdot z'}=\bar{z}\cdot\overline{z'}$$
$$\overline{\left(\frac{z}{z'}\right)}=\frac{\bar{z}}{\bar{z'}}$$

●——交換・結合・分配の法則

数を複素数まで拡げたとき,今まで成り立っていたいろいろの法則はやはり成り立つだろうか。

❶——加法の交換法則

$z=x+yi$, $z'=x'+y'i$ とする。
$$z+z'=(x+x')+(y+y')i$$
$$z'+z=(x'+x)+(y'+y)i$$
ここで,実数の交換法則をつかうと,実部も虚部も等しいから,
$$z+z'=z'+z$$

❷——加法の結合法則

$z=x+yi$, $z'=x'+y'i$, $z''=x''+y''i$ とする。
$$(z+z')+z''=\{(x+x')+x''\}+\{(y+y')+y''\}i$$
$$z+(z'+z'')=\{x+(x'+x'')\}+\{y+(y'+y'')\}i$$
ここで,実数の結合法則をつかうと,実部と実部,虚部と虚部がべつべつに等しい。だから,
$$(z+z')+z''=z+(z'+z'')$$

❸——乗法の交換法則

実部と虚部に分けて,$z\cdot z'$ と $z'\cdot z$ を計算して比較してもよいが,乗法では絶対値と偏角に注意しよう。絶対値は,つぎのようになる。
$$|z\cdot z'|=|z|\cdot|z'|$$
$$|z'\cdot z|=|z'|\cdot|z|$$
実数の交換法則によって,
$$|z\cdot z'|=|z'\cdot z|$$

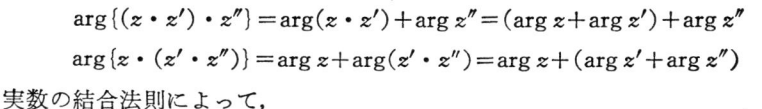

となり，偏角は，
$$\arg(z \cdot z') = \arg z + \arg z'$$
$$\arg(z' \cdot z) = \arg z' + \arg z$$
実数の交換法則で，
$$\arg(z \cdot z') = \arg(z' \cdot z)$$
絶対値と偏角がともに等しいから，
$$z \cdot z' = z' \cdot z$$

❹──乗法の結合法則
$$|(z \cdot z') \cdot z''| = |(z \cdot z')| \cdot |z''|$$
$$= (|z| \cdot |z'|) \cdot |z''|$$
$$|z \cdot (z' \cdot z'')| = |z| \cdot |(z' \cdot z'')|$$
$$= |z| \cdot (|z'| \cdot |z''|)$$
実数の結合法則によって，
$$|(z \cdot z')z''| = |z \cdot (z' \cdot z'')|$$
偏角は，
$$\arg\{(z \cdot z') \cdot z''\} = \arg(z \cdot z') + \arg z'' = (\arg z + \arg z') + \arg z''$$
$$\arg\{z \cdot (z' \cdot z'')\} = \arg z + \arg(z' \cdot z'') = \arg z + (\arg z' + \arg z'')$$
実数の結合法則によって，
$$\arg\{(z \cdot z') \cdot z''\} = \arg\{z \cdot (z' \cdot z'')\}$$
絶対値と偏角が等しいから，
$$(z \cdot z') \cdot z'' = z \cdot (z' \cdot z'')$$

❺──分配法則

実部と虚部に分けて $z(z'+z'')$ と $zz'+zz''$ を計算してくらべてもよい。しかし，ここでは乗法が伸縮と回転の組み合わせであることを利用してみよう。

図❸の $z(z'+z'')$ は z' と z'' を加えてから，そのあとで伸縮・回転を行なったものである。図❹の $zz'+zz''$ は z' と z'' をべつべつに伸縮・回転してから，そのあとで加えたものである。以上の二つが一致することは平面全体の伸縮・回転であることから明らかであろう。

このように交換・結合・分配の法則が複素数でも，そのまま成立するこ

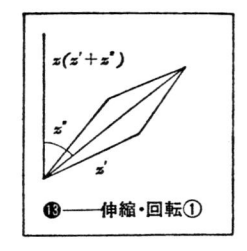

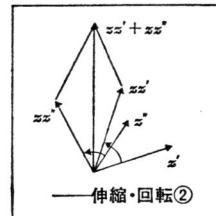

とがわかったので，整数や実数について成立していた四則の関係式はやはり成立する。たとえば，
$$(a+b)^2 = a^2+2ab+b^2$$
のような公式は複素数でもそのまま成り立つのである。だから，複素数になって新しく代数を学び直す必要はないわけである。

●──代数学の基本定理

2次方程式をとくと，虚根のでる場合があった。たとえば，
$$x^2+2x+3=0$$
の根は，
$$x = -1 \pm \sqrt{-2}$$
となる。だから，虚根もしくは複素数を新しい数としてみとめることにすると，2次方程式はいつでも解ける。すなわち，根がある。

それでは2次以上の代数方程式はどうであろうか。この問題は17世紀ごろからジラール(1590—1633年?)などは，n次の代数方程式は複素数まで数をひろげると，次数のnと同じ個数の根をもつことを予想したのである。しかし，この予想を最終的に解決したのはガウスであった。ガウスの証明した定理は代数学の基本定理といわれる。

代数学の基本定理をここで証明することはむずかしい。ここでは，2，3の実例を示すにとどめておこう。代数方程式
$$a_0 z^n + a_1 z^{n-1} + \cdots\cdots + a_{n-1}z + a_n = 0$$
で，とくに $a_0=1$, $a_1=a_2=\cdots\cdots=a_{n-1}=0$, $a_n=-1$ となる場合を考えよう。このとき，方程式は，
$$z^n - 1 = 0$$
となる。移動すると，
$$z^n = 1$$
この z の絶対値を求めると，
$$|z^n| = |1| = 1$$
$$(|z|)^n = 1$$
このような $|z|$ は 1 以外にはない。だから，
$$|z| = 1$$
偏角は，

$$\arg z^n = \arg 1$$
$$n \arg z = \arg 1$$

arg z が 0 と 2π の間にあるとすれば，arg 1 は 0 のほかに 2π, 4π, ……, $2(n-1)\pi$ となり得る。

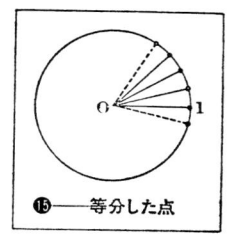

$$\arg z = \begin{cases} 0 \\ \dfrac{2\pi}{n} \\ \dfrac{4\pi}{n} \\ \vdots \\ \dfrac{2(n-1)\pi}{n} \end{cases}$$

この数をガウス平面上にとると，Oを中心とし半径 1 の円を等分した点である——図⓯。このようにして n 次方程式

$$z^n - 1 = 0$$

は n 個の複素数の根をもつことがわかる。

●——形式不変と新しい数

自然数から複素数までの発展の中で，いろいろの性質が新しく得られると同時に，いろいろの性質が失われた。たとえば，実数から複素数に拡げると，代数方程式がとけるようにはなったが，その反面では実数のもっていた大小の関係が失われる。平面上にならんでいる複素数には大小の順序は考えられないからである。

それでは自然数から複素数まで変わらずに持ち越された性質はいったい何だろうか。それは交換・結合・分配の法則である。

$$a+b=b+a \qquad ab=ba$$
$$(a+b)+c=a+(b+c) \qquad (ab)c=a(bc)$$
$$a(b+c)=ab+ac$$

また，減法が一通りしかないこと，つまり，$a+x=b$ の x は一つしかない。$ab=0$ ならば，つぎを得る。

$$a=0 \quad \text{または} \quad b=0 \quad \text{（ゼロ因子がない）}$$

これは法則が形式的に変わらないことであって，一時は形式不変(不易)の原理とよばれたことがある。

しかし，複素数よりさらに広い数が必要になってくると，これらの法則

の全部を不変のままもちこすことはできなくなる。乗法の交換法則や結合法則やゼロ因子の不存在の法則をすてる必要もおこってくる。

アイルランドの数学者・ハミルトン(1805—1865年)は1845年に四元数というより広い数を考え出したが，そのためには乗法の交換法則をすてる必要があった。彼は複素数の i のほかに j, k という数を入れて新しい数 $a+bi+cj+dk$ (a, b, c, d は実数)——四元数 (quaternion)——をつくり出した。i, j, k の計算の規則はつぎのとおりである。

$$i^2=j^2=k^2=-1 \quad ij=-ji=k \quad jk=-kj=i \quad ki=-ik=j$$

このように，i, j, k はたがいに交換可能ではないのである。

四元数とはかぎらず，必要に応じて複素数をこえて新しい数がいくらでもつくり出されるようになった。

IV──中学数学入門講座

●──化学における原子論以前と以後では，思考法の上では格段のちがいがあるように，整数論でも素因数分解の一意性が証明される前と後では格段のちがいがある。──154ページ「素数」

●──数学という学問そのものはつねに発展しつつあり，生成しつつあるという立場に立つなら，教育においては，その発展の法則性をつかませるような教え方を探り出さねばならない。──157ページ「集合と関数」

●──文字は，これまでの数学では数を代表するものであった。しかし，それは本当ではない。今日の数学では，文字はもっと広い意味をもっている。文字は，数ばかりではなく，関数を表わすこともできるし，集合論では集合を表わし，記号論理学では命題を表わしている。だから，文字はもっぱら数を表わすものと教えるのは避けたほうがよい。──119ページ「文字記号の意味」

文字記号の意味

●——文字とはなにか

これまで小学校は算数,中学校は代数という割り当てができていて,その割り当てが長い間の習慣になってきた。それはあたかも天地創造以来のきまりのようにさえ思われて,疑ってみる人はいなかった。しかし,そういう割り当てには本当のよりどころがあるのだろうか。よく考えてみると,そんなものはどこにもなさそうである。

まず,いろいろの疑問が浮かび上がってくる。

①——小学校では代数を教えても,絶対に理解できないものだろうか？
②——中学校に入学すると,その瞬間に代数がわかるようになるのだろうか？

よく考えてみると,そんなことはひとつも成り立ちそうにないのである。小学校は算数,中学校は代数という割り当てが定まったのは,数学の内容からではなく,どうやら外的な条件からであろうと思われる。むかしは,小学校の先生は師範学校出身であったし,旧制中学校の先生は高等師範学校か大学の出身者であった。そのあいだには4年以上の修業年限の差がある。だから,師範学校では代数を教えられるまでに学力をつけて卒業させるわけにはいかない。そういう事情があったので,小学校では算数,中学校では代数という割り当てがいつのまにか不文律のようになってしまったのであろう。

しかし,代数をそのように算数から切り離して,それをまるで雲の上に

あげてしまうやり方はおかしいのである．代数の初歩はもっと低学年からはじめてもよいし，それは十分に可能であると思われる．

代数は文字をとり扱う数学であるから，まずこの文字とは何か，という問題を解きあかしてから本論にはいらねばならない．

文字は，これまでの数学では数を代表するものであった．しかし，それは本当ではない．今日の数学では文字はもっと広い意味をもっている．文字は，数ばかりではなく，$f(x)$, $g(x)$, ……のような関数を表わすこともできるし，集合論では集合を表わし，記号論理学では命題を表わしている．だから，文字はもっぱら数を表わすと教えるのは避けたほうがよい．

現実にはa, b, c, ……という文字は何でも表わすことのできるもので，実名を避けるためにa, b, cの文字を使うこともあるし，未成年が罪を犯したときは新聞でも，A，B，C，……で書いてある．数学でもA，B，Cが点を表わすこともある．そういうことを前もって注意しておいたほうがよいだろう．そのことを念頭においた上で文字の意味を考えていくことにしよう．

●──算数と代数

算数でやるとかなりむずかしい問題でも，文字を使って方程式に立てて解くと，いとも簡単に解けることをわれわれは経験上よく知っている．しかし，それは"経験上"知っているだけで，なぜかということはあまり考えられなかったのではないかと思われる．

それでは未知数を文字で表わすことは，どんな威力をもっているのだろうか．

緑表紙の教科書(『小学算術』)6年の下(74ページ)に次のような問題がのっている．

　　　　鶴ト亀トガ合ハセテ二十四キル．足ノ数ハ合計五十二本デ
　　　アル．鶴ト亀ハソレゾレ何匹キルカ．

この問題は小学校6年の最後に近いところにでてくるので，もっともむずかしい問題として出されているのであろうが，これは，いわゆるツル

カメ算である。算術では〝全部を鶴とみる〟ということに気付けば解けるようになっている。しかし，文字を使って方程式に立てると，次のようになる。

$$\begin{cases} 2x+4y=52 \cdots\cdots\cdots ① \\ x+y=20 \cdots\cdots\cdots ② \end{cases}$$

この式は，まだ解決へ一歩もふみ出しているわけではなく，ただ問題の意味を式にほんやくしただけである。そこに要求されているのはほんやくの力だけであって，解決の能力ではない。

ところが，式にほんやくしただけで，もう解決の糸口が見えてくるのである。つまり，定石に従ってxをまず追い出そうとすると，係数をそろえなければならない。そのために②の式の両辺に2をかけることに気がつく。そうすると，次の式がでてくる。

$$2x+2y=40$$

この式を解釈してみると，全部を鶴とみたときの足の数は40本になることを物語っている。

そうして辺々引くと，

$$2y=12$$

これは亀をムリに鶴に見立ててしまったためにでてきた差である。つまり，亀一匹分2本だけ足を少なく見積ったから，12本だけ実際より少なくなったのである。だから，その2で12を割ると，亀の数が出る。

$$y=\frac{12}{2}=6$$

代数では式を定石通り変形していくと答えが出るのに，算術はいちいちことばで弁解しながら進んでいく。そこに大きなちがいがある。

先日，親戚の中学生がやってきて，「小学校の先生はひどい」といってプリプリ言っているので，「何を怒っているのだ？」とたずねたら，話はこの鶴亀算だった。「小学校では鶴亀算だとか過不足算だとかをやらせられてさんざんいじめられたが，中学で代数を教わって，それで解くと，バカみたいにやさしく解ける。あんなものは代数を教わってからやらせるといいのに，代数なしで解くからうんと苦労するんだ。おかげで無駄な勉強をさせられた」というのである。こう考える中学生は少なくないのではないかと思う。文字を使うと，なぜやさしくなるか，文字とは何

か，こういう問題にとりかかってみよう。

●──カンづめとビンづめ

むかし，"考へ方"と通称されるシリーズ本が全盛だったことがある。今の若い人は知らないと思うが，戦前には，この"考へ方"は旧制高校の入学試験を受ける生徒には絶大な影響力をもっていた。この創始者の藤森良蔵氏はもう故人であるが，できない生徒を自宅で教えているうちに，この"考へ方"というのを編み出したといわれる。

"考へ方"にはいろいろおもしろい"考へ方"や"教へ方"があるが，そのなかに"カンづめ""ビンづめ"の説というのがある。たとえば，次のような式のなかで，

$$2-(x+5)+4a+5b$$

$x+5$をある別の文字，たとえば，yでおきかえることを藤森氏は"カンづめ"と呼んだ。$x+5$をyでおきかえると，ものは同じだが，かんづめと同じに中身は見えなくなってしまうからである。しかし，これを$(x+5)$とカッコでくくっておくのは"ビンづめ"と呼んだ。中身が透かして見えるからである。

これはたいへんうまいたとえ話で，おそらく"考へ方"のなかの最高傑作ではないか，と私は思っている。いや，それはたんに巧妙な比喩というだけではなく，文字の意味を深く洞察したことばだと思う。もとの文をそのまま引用してみよう(新かな使いに直した)。

引用したのは藤森良蔵・藤森良夫著『代数学，学び方考へ方と解き方』(大正3年初版・考へ方社)である。

《括弧の意味はその括弧内のものを一つの物と見做して取り扱うこと，そしてその内容が誰れにでもわかることに於て，意味の深いものがあるのである。

括線もまた括弧と同一の意味に用いられるのであって，一くしのだんご，一くしの柿の如きものである。うまそうであるとか，まずそうであるとか，その内容が誰れにでもわかって，しかも一つの物として取り扱われることに意味の深いものがあることをつかまなくてはならない。

即ち代数式にあっては，

> $a+b$ は a に b を加えることを表わすのであるが，これを一つのものと見なして取り扱う場合には，
> $$\boxed{a+b}$$
> として，その上下を切り取って，
> $$(a+b)$$
> と表わすのである。

であるから，

> $(a+b)$ は $a+b$ を一つのものとして取り扱うという意味である。しかも，$a+b$ を一つのものとして取り扱いながら，その内容は a と b の和を表わすことがわかる。

のであって，

> 一つのものとして取り扱いながらその内容がわかる。

というところに特徴を持って居るのであって，$a+b$ を m で表わして，
$$a+b=m$$
m としてしまえば，その内容はわからなくなるのである。

> これを例えて見れば，鉛筆12本を一つのものとして取り扱うに，帯封をしてこれを1ダースと名づけて取り扱えば，その内容がわかって，しかも一つのものとして取り扱うところに便利があり面白みがあるのである。これを紙で全体を包んで了えば，ひとつのものとして取り扱うことは出来るが，その内容の見えないところに不便を感ずる。
> 又，例えばビン詰や，ガラス張りの箱の中の品物は1ビンの葡萄酒，1箱の菓子と云って一つのものとして取り扱いながら，その内容を知り得ることが便利であるようなものである。

> カン詰にはカン詰の便利があり，ビン詰にはビン詰の便利がある。

$a+b$ を m とおいて取り扱うのは，カンづめにして取り扱うものであり，$a+b$ を $(a+b)$ として取り扱うのは，ビンづめにして取り扱うものである。諸君はこの二つの長所と短所とをしっかりつかんで式変形に当たっ

ての
　　　カンづめ　と　ビンづめ
とに徹底するように心がけてこの正しい態度を以て，順次に学び進むように努めなくてはならない》……

だいぶ長い引用になったが，これくらい嚙んでふくめるような，痒いところに手のとどくような説明のしかたは，今でもおおいに学ぶ価値があると思うので，全文を引用したわけである。

言葉	図解	数式
I－数を考える	🌷	n
II－6を加える	🌷 ∞∞	$n+6$
III－2倍する	🌷 ∞∞ 🌷 ∞∞	$2(n+6)$ または$2n+12$
IV－8を減ずる	🌷 ∞ 🌷 ∞	$2(n+6)-8$ または$2n+4$
V－2で割る	🌷 ∞	$\dfrac{2(n+6)-8}{2}$ または$n+2$
VI－最初に考えた数を引く	∞	$\dfrac{2(n+6)-8}{2}-n$
VII－答は2	∞	$=2$

❶——ソーヤーの数学遊戯

カンづめ，ビンづめのような説明法はほかにもないわけではない。たとえば，ソーヤーの『数学のおもしろさ』には方程式の中の文字を袋にたとえている。

　　昔から ある数学遊戯に 次のようなものがある。「一つの数を考えよ。その数に6を加え，2倍して8を引け。その差を2で割り，更にその商から最初，考えた数を引け」と。
　　この最初に考える数が如何なる数であろうとも，答えは常に2となる。何故であろうか*¹——図❶。

ソーヤーは英国におけるすぐれた数学の啓蒙家で，この『数学のおもしろさ』のほかにも『数学へのプレリュード』（みすず書房）という邦訳がある。最近では，"Introducing Mathematics : 1, Vision in Elementary Mathematics"(Pelican Books)というおもしろい本を書いている。この人はトッピな改革案には批判的で，意見は堅実である。1911年生まれで，現在は数学教育改造のためにアメリカによばれている。
この人のいう〝袋〟も藤森のカンづめとよく似ている。
もうひとつ，それはワイルが文字記号を〝空虚な場所〟(Leerstelle)にたとえたこともおもしろいことであろう。〝空虚な場所〟であるから，何でも

*1——ソーヤー・東健一訳『数学のおもしろさ』82ページ・岩波書店

自由にそれを満たすことができるのである。ワイルはもちろん学問的な意味でいったのであるが、それがカンづめや袋とよく似ていることは興味のあることだ。

"カンづめ"、"袋"、"空虚な場所"、どれもみなうまい比喩であって、これなら小学生にもよく理解できるだろう。文字は、そういうものにつけた仮りの名である。

私は日本人らしく"ふろしき"というものを持ち出すことにしよう。カンづめもおもしろいが、一度カンをあけたら、元にもどらないという欠点がある。袋も少し大げさすぎるというので、"ふろしき"ということにしてみたのである——図❷。

文字はそういうものにつけた仮りの目じるしにすぎないのである。

ただ、ここで藤森式のカンづめには少し注釈が必要であろうと思われる。藤森式の説明では、$a+b$ を m でおきかえることをカンづめといっているから、中身はわかっているが、外から透かして見えないという意味に聞こえる。しかし、方程式のなかの文字はソーヤーの袋のように、中身がまだわかっていないものである。そうなると、カンづめでもラベルの取れてしまったカンづめだということになる。未知数としての文字にはそういう意味があるのである。

実数しか知らない人にとっては、$x^2+1=0$ の x というカンづめはまったく空っぽか、それとも今までまったく知らない怪物のはいっているカンづめだというわけである。もしふろしきの比喩をとるなら、ビンづめに当たるのは、中身の透かして見えるビニールのふろしきだということになろう。

●──文字記号と言語

このような文字記号の意味は、べつに文字記号に限られたものではなく、一般的に言うと、言語のもつ意味と異なっているのではない。言語そのものがカンづめや袋としてのはたらきをもっているのである。

われわれは、"日本人"という言語をもっているので、それをひとつのものとしてまとめて考えることができるし、また、"教師"という言語をもっているからひとかたまりにまとめて考えられる。それは、目には見えないが、一種のカンづめ・袋・ふろしきに相当するものである。われわ

れはこのような言語をもっているから，世界を一定の秩序に整理して見ることができるのである。言語をもっていない動物はこのことができないわけである。同じように言語を知らない聾啞者も，この整理する力がないか，著しく弱いか，どちらかである。

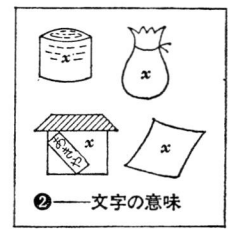

ただ，文字記号は言語にくらべると，いっそう簡潔であって，しかも，言語は何かの意味をもっていて，中身は完全に空虚ではないのに，文字記号は，中身に何を入れるかはいっそう自由である。

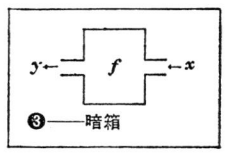

このカンづめもしくはふろしきは，数であってもよいし，また，暗箱の関数であってもよいし——図❸，あるいはベクトルや行列のような数の組であってもよい。

$$X = \begin{bmatrix} x_1 \\ x_2 \\ x_3 \\ \vdots \\ x_n \end{bmatrix} \quad A = \begin{bmatrix} a_{11} & a_{12} & \cdots & a_{1n} \\ a_{21} & a_{22} & \cdots & a_{2n} \\ \vdots & & & \vdots \\ a_{m1} & a_{m2} & \cdots & a_{mn} \end{bmatrix}$$

あるいは，"きょうは雨が降る""あしたは雪が降るだろう"……などという命題をA，B，……という文字記号で表わしてもよい。

このように，あらゆるものを文字記号で表わして，そのあいだに一定の記号計算法則を導き入れて結論を出そうというのがライプニッツ(1646—1716年)の構想した普遍記号学であった。彼は記号を使うことの威力を次のようにのべている。

　　子どもでも定木を使うと名人がフリーハンドでかくよりうまく直線を引けるのと同じく，凡くら頭でも適当な道具をもって練習すると，最善にやりとげることができる。

この道具というのが記号のことであった。

公約数

●──互除法と最大公約数

『数学教室』の5月号(1965年)に「互除法」についての研究授業がのったが,これは"本邦初演"というより"世界初演"というべきものであった。もちろん,初演というものはいろいろの穴があり,予期しない困難がでてくるもので,その点でいろいろの欠陥はあったが,しかし,全体としては成功であったと思う。少なくともこの互除法が,あのような手だてでやると,小学校高学年から十分に教えられるという確信を得た。

互除法を子どもに発見させるということは,並大低のやり方では不可能であろう。式などを使ってもできはしない。それを"長方形を最大の正方形で敷きつめる"という問題設定をやった上で,それから"正方形を切りとる"ということを発見させることは小学校5年生にも十分にできるのである。これがヤマであり,それから先は楽な下り坂である。

その互除法を出発点として,整数論を小学校高学年から中学や高校にかけて教材化する必要があると思う。そのために,ここしばらく試案を書いてみたい。「中高数学」という題名からは少しはずれるかもしれないが,やはり,小学校5年生ぐらいからスタートすることにしたい。

T──みなさん,きょうは最大公約数とほかの公約数の関係を考えてみましょう。この前の時間に二つの数の最大公約数をどうしてみつけるか,そのみつけ方をやりましたね。そのやり方を何といいましたか?
P──(いっせいに)互除法です。

T——では，68と119の最大公約数を互除法で求めてごらん。
P——
$$68)\overline{\smash{)}119}\quad 51)\overline{\smash{)}68}\quad 17)\overline{\smash{)}51}$$
$$\underline{68}\quad\underline{51}\quad\underline{51}$$
$$51\quad17\quad0$$

割り切れたときの割る数が最大公約数ですから，17です。

T——よろしい。では，ほかの公約数について考えてみましょう。

もし，c が a と b の公約数だったら，$a \times b$ の長方形は $c \times c$ の正方形できっちりと敷きつめられますね——図❶。このとき，正方形をつぎつぎに切りとっていくと，$c \times c$ の正方形が半端に切れることはないでしょう。つまり，$c \times c$ の仕切りのところで切れますね。そのことをよく覚えておきましょう。

P——そうすると，互除法で正方形をつぎつぎに切りとっていったとき，最後に残った正方形もやはりいくつかの $c \times c$ の正方形を丸ごとふくんでいるはずです——図❷。

ところで，最後に残った正方形の一辺が最大公約数ですから，最大公約数は c で割り切れるはずです。

T——そのとおりですね。そのことをコトバで言い表わしてみなさい。

P——二つの数 a，b の公約数 c は a と b との最大公約数を割り切る。つまり，その約数である。

T——その通り。では，48と84の公約数をすべてみつけてごらんなさい。

P——48の約数は，

　　1, 2, 3, 4, 6, 8, 12, 16, 24, 48

84の約数は，

　　1, 2, 3, 4, 6, 7, 12, 14, 21, 28, 42, 84

両方に共通な数は，

　　1, 2, 3, 4, 6, 12

これがすべての公約数です。

T——それでもまちがいではないが，もっとうまい方法はないだろうか？

P₂——あります。まず 48 と 84 の最大公約数をみつけて，その数の約数をさがせばよいわけです。この二つの数の公約数はすべて最大公約数の約数だからです。

T——それでやってごらん。

P₂——まず，互除法で最大公約数をみつけます。

$$48 \overline{)84} \quad 36 \overline{)48} \quad 12 \overline{)36}$$
$$\underline{48} \quad \underline{36} \quad \underline{36}$$
$$36 \quad 12 \quad 0$$

つまり，12 が最大公約数です。この 12 の約数をさがすと，

　　1, 2, 3, 4, 6, 12

になります。

T——このほうが簡単だね。それでは 90 と 144 の公約数を全部さがしてごらん。

P₂——

$$90\overline{)144} \quad 54\overline{)90} \quad 36\overline{)54} \quad 18\overline{)36}$$

つまり，18 が最大公約数です。その 18 の約数はつぎのようになります。

　　1, 2, 3, 6, 9, 18

これが，90 と 144 の公約数です。

T——ほかにはないかしら？

P₂——ないはずです。

T——それでは，つぎの数の公約数をさがしてごらん。

　　(52, 91)

P₃——まず互除法で最大公約数をみつけます。

$$52\overline{)91} \quad 39\overline{)52} \quad 13\overline{)39}$$

13 になりました。

T——それからどうするね？

P₃——13 の約数をみつけます。そうすると，

　　1, 13

です。これが 52 と 91 の公約数です。

T——それで全部かね？

P₃——全部です。

T——では，(48, 107)をやってごらん。

P₄——まず最大公約数をみつけます。

$$48\overline{\smash{)}107} \quad 11\overline{\smash{)}48} \quad 4\overline{\smash{)}11} \quad 3\overline{\smash{)}4} \quad 1\overline{\smash{)}3}$$

（筆算：107÷48＝2あまり11，48÷11＝4あまり4，11÷4＝2あまり3，4÷3＝1あまり1，3÷1＝3あまり0）

最大公約数は 1 です。

T——それから？

P₄——1 の約数は 1 しかありませんから，結局，48 と 107 の公約数は 1 だけです。

T——よろしい。それでは，みなさん，つぎのような二つの数の公約数をすべてみつけなさい。

　　　(35, 49)　(68, 85)　(64, 96)　(57, 95)　(84, 99)　(104, 39)

●——三つ以上の数の最大公約数

T——さて，こんどは三つ以上の数の公約数をさがしてみよう。たとえば，(24, 36, 54) の公約数をみつけることにしよう。小さいほうから公約数をあげていくと，どうなるかしら？

P₁——まず 1 があります。

T——1 はいつでもあるね。そのつぎは？

P₂—— 2 です。

T——つぎは？

P₃—— 3 です。

T——そのつぎは？

P₄—— 4 も 5 もだめ，6 です。

T——そのつぎは？

P₁, P₂, P₃, P₄——7 も 8 もだめ，もうありません。

T——では，公約数は，

　　　1, 2, 3, 6

だけだね。それでは最大公約数は？

P₁—— 6 です。

T——その 6 をどうして出すかを，これからやってみよう。

まず，三つを同時に考えるかわりに，24 と 36 の二つだけを考えてみよう。24, 36, 54 という三つの数の最大公約数 x は，24 と 36 という二つの数の公約数にもなっているね。それはなぜ？

P_2——公約数 x は，みな最大公約数の約数になっているからです。

T——そのとおり。では，はじめに 24 と 36 の最大公約数をみつければよいね。どうしたらよいかね？

P_3——互除法を使います。

$$\begin{array}{r} 1 \\ 24\overline{)36} \\ 24 \\ \hline 12 \end{array} \qquad \begin{array}{r} 2 \\ 12\overline{)24} \\ 24 \\ \hline 0 \end{array}$$

だから，24 と 36 の最大公約数は 12 です。

T——そうだ。そうすると，x はどうなる？

P_4——x は 12 の約数です。

T——54 はどうなる？

P_1——x は 54 の約数です。

T——そうすると，x は 12 と 54 の何になる？

P_2——x は 12 と 54 の最大公約数です。

$$\begin{array}{r} 4 \\ 12\overline{)54} \\ 48 \\ \hline 6 \end{array} \qquad \begin{array}{r} 2 \\ 6\overline{)12} \\ 12 \\ \hline 0 \end{array}$$

つまり，6 です。

T——では，これまでのやり方をまとめると，どうなる？

P_3——三つの数の最大公約数をみつけるには，まず，そのうちの二つの最大公約数をみつけ，それと第 3 の数の最大公約数をみつけます。

T——そうだ。図にかいてごらん。

P_4——川の流れみたいにかいてみます——図❸。

T——二つずつ最大公約数をみつけていくのだね。これは，はじめに 36 と 54 をとっても同じだろうね。やってごらん。

P_1——

$$\begin{array}{r} 1 \\ 36\overline{)54} \\ 36 \\ \hline 18 \end{array} \qquad \begin{array}{r} 2 \\ 18\overline{)36} \\ 36 \\ \hline 0 \end{array}$$

つまり，36 と 54 の最大公約数は 18 です。つぎに 18 と 24 の最大公約数をみつけます。

$$18\overline{)\begin{array}{r}1\\2\,4\\\underline{1\,8}\\6\end{array}} \qquad 6\overline{)\begin{array}{r}3\\1\,8\\\underline{1\,8}\\0\end{array}}$$

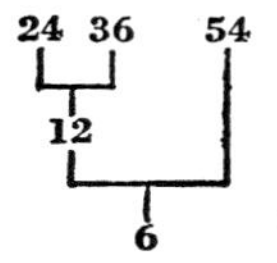

つまり，24, 36, 54 の最大公約数はやはり 6 です――図❹。

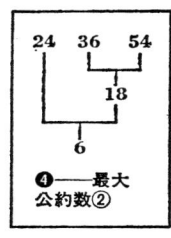

T――それじゃ，こんどははじめに 24 と 54 の最大公約数をみつけてごらん。

P₂――

$$24\overline{)\begin{array}{r}2\\5\,4\\\underline{4\,8}\\6\end{array}} \qquad 6\overline{)\begin{array}{r}4\\2\,4\\\underline{2\,4}\\0\end{array}}$$

6 です。36 と 6 の最大公約数は，

$$6\overline{)\begin{array}{r}6\\3\,6\\\underline{3\,6}\\0\end{array}}$$

で，6 です――図❺。

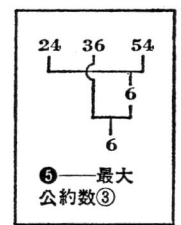

T――では，もっと大きな数でやってみよう。

　　　(102, 153, 85)

P₃――102 と 153 の最大公約数をさがしてみます。

$$102\overline{)\begin{array}{r}1\\1\,5\,3\\\underline{1\,0\,2}\\5\,1\end{array}} \qquad 51\overline{)\begin{array}{r}2\\1\,0\,2\\\underline{1\,0\,2}\\0\end{array}}$$

つぎに，51 と 85 の最大公約数をさがします。

$$51\overline{)\begin{array}{r}1\\8\,5\\\underline{5\,1}\\3\,4\end{array}} \qquad 34\overline{)\begin{array}{r}1\\5\,1\\\underline{3\,4}\\1\,7\end{array}} \qquad 17\overline{)\begin{array}{r}2\\3\,4\\\underline{3\,4}\\0\end{array}}$$

答えは 17 です――図❻。

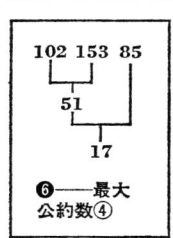

T――そうだ。では，別のやり方でやってごらん。

P₄――まず 153 と 85 の最大公約数をみつけます。

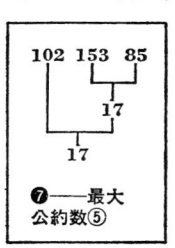

$$85\overline{)\begin{array}{r}1\\1\,5\,3\\\underline{8\,5}\\6\,8\end{array}} \qquad 68\overline{)\begin{array}{r}1\\8\,5\\\underline{6\,8}\\1\,7\end{array}} \qquad 17\overline{)\begin{array}{r}4\\6\,8\\\underline{6\,8}\\0\end{array}}$$

つぎに102と17の最大公約数をさがします。

```
        6
   17)1 0 2
      1 0 2
          0
```

答えは17です——図❼。

●——四つ以上の数の最大公約数

T——これで三つの数の最大公約数のみつけ方がわかったね。それでは四つの数の最大公約数をみつけることにしよう。やり方はどうしたらいいかしら？

P_1——二つずつとり出して，つぎつぎに最大公約数を出していきます。

T——では，(96，144，72，56)の最大公約数を出してごらん。

P_2——まず，(96，144)を出してみます。

```
       1              2
  96)1 4 4       48)9 6
     9 6            9 6
     4 8              0
```

つぎに(48，72)を出してみます。

```
       1              2
  48)7 2         24)4 8
     4 8            4 8
     2 4              0
```

答えは24です。

つぎに(24，56)を出します。

```
       2              3
  24)5 6          8)2 4
     4 8            2 4
       8              0
```

答えは8です——図❽。

T——つぎに，(54，81，45，39)の最大公約数をさがしてごらん。

P_1——まず(54，81)をやってみます。

```
       1              2
  54)8 1         27)5 4
     5 4            5 4
     2 7              0
```

つぎに(27，45)を出します。

```
       1              1              2
  27)4 5         18)2 7          9)1 8
     2 7            1 8            1 8
     1 8              9              0
```

つぎに(9, 39)を出します。

```
    4           3
 9)3 9       3)9
   3 6         9
     3         0
```

答えは3です。

T——それでは，つぎのような問題をやってごらん。

　　(42, 84, 28, 63)

　　(105, 350, 91, 15)

　　(26, 117, 52, 130)

P₂——先生，いくつでもできます。つぎつぎに互除法で最大公約数を出していけばいいんですね。

T——そのとおりだ。いくつでも，根気よく割り算をやっていけばできるのだ。

P₃——数も，いくら大きくてもいいわけですね。

T——そうだ。でたらめに大きな数をいってごらん。

P₄——ええと，1528，2845，3913，5089。

T——この最大公約数は何だろう？

P——先生，ちょっと見ただけではとてもわかりません。

T——先生だってわからないさ。割り算をつぎつぎにやっていくほかにうまい方法はないね。

これで公約数や最大公約数のことは一通りわかったろう。

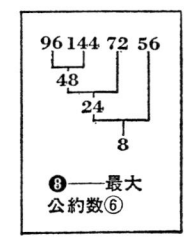

```
96 144 72 56
 └48┘  │  │
    └24┘  │
       └8─┘
```
❽——最大公約数⑥

公倍数

●——公倍数と最小公倍数

T——つぎには倍数や公倍数，最小公倍数のことを勉強することにしよう。たとえば，6の倍数は，0を除くと，

  6，12，18，24，30，……

で無限である。また，8の倍数は，

  8，16，24，32，……

になる。共通の倍数をえらび出すと，

  24，48，72，……

になる。このなかでもっとも小さい公倍数は24である。これが最小公倍数である。

P_2——最大公倍数というのはないのですね。

T——いくらでも大きなのがあるから，最大公倍数はないわけだ。

P_3——最小公約数はありますね。

T——何になるかしら。

P_4——いつでも1です。

T——公倍数を考えるのに，公約数と同じように長方形を使うことにしよう。タテとヨコがa，bという長方形を考えてみよう。この長方形をタテとヨコにならべて正方形をつくったとき，その一辺xはa，bの公倍数になっているはずだろう。

P_1——そういう正方形のなかでいちばん小さい正方形の一辺cが最小公倍数になりますね——図❶。

T──そうだ。ここで a, b の公倍数はすべて最小公倍数で割り切れるのだ。つまり，公倍数は最小公倍数の倍数になるのだ。それを考えてみよう。

まず $a \times b$ の長方形でうめた正方形が図❷であるとする。この図❷の正方形を最小の正方形で埋めてみよう。このとき，埋められないで右上の斜線の部分の正方形が残ったとする。これが $c \times c$ の正方形より小さいとすると，これが $a \times b$ の長方形で埋められることになる。そうすると，$c \times c$ の正方形が最小であるということにならなくなる。だから，$c \times c$ の正方形で埋められることになる。だから，公倍数 x は c の倍数になっている。

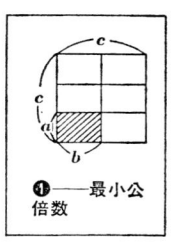

❶──最小公倍数

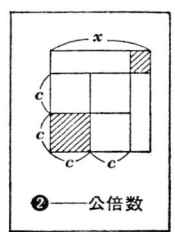

❷──公倍数

P_2──そうなると，前の公約数とならべるとおもしろいですね。

"すべての公約数は最大公約数の約数である"

"すべての公倍数は最小公倍数の倍数である"

T──最大・最小を入れかえ，約数と倍数を入れかえると，一方から一方がでてくるわけだ。

二つ以上の数の"共通の"倍数を公倍数という。それは共通の約数を公約数とよんだのとまったく同じ意味である。"公"というのは"共通"ということである。

たとえば，4 の公倍数は，

　　4, 8, **12**, 16, 20, **24**, 28, 32, **36**, ……

6 の倍数は，

　　6, **12**, 18, **24**, 30, **36**, ……

であるが，双方に共通のものは，

　　12, 24, 36, ……

で，これが 4 と 6 の公倍数である。公約数は有限しかないが，公倍数は無限にある。その点はおおいにちがう。

問い──つぎの数の公倍数を求めよ。

　　(15, 20)　　(18, 30)　　(40, 56)

つぎに公倍数について，つぎの定理を証明する。

定理——a, b の公倍数を m, n とするとき，$m+n$, $m-n$ はやはり公倍数である。

証明——まず a についてだけ考えてみよう。m, n は a, b の倍数であるから，その和と差 $m+n$, $m-n$ もやはり a の倍数である。b についても同じである。だから，$m+n$, $m-n$ は a と b の公倍数である。——証明終わり

公倍数のなかでもっとも小さいものを最小公倍数という。least common multiple で，略して LCM ともいう。a, b の最小公倍数を $[a, b]$ で表わすこともある。最大公約数を (a, b) で表わすのに相当する。

問い——つぎの最小公倍数を求めよ。
　　　$[6, 8]$　　$[14, 42]$　　$[26, 65]$　　$[48, 80]$　　$[30, 36]$

二つの数の公倍数は無数にあるが，最小公倍数はひとつしかない。そのとき，最小公倍数は他の公倍数とどういう関係をもっているだろうか。それについてはつぎの定理が成立する。

定理——すべての公倍数は最小公倍数の倍数である。
証明——二つの数 a, b の最小公倍数を L とする。そして，任意の公倍数を C としよう。C を L で割ったとき，M が立って R が残ったとすると，
　　　$C = ML + R$
ただし，R は L より小さい。C も L も a, b の倍数であるから，$C-ML$ もまた，a, b の倍数である。だから，
　　　$R = C - ML$
も a, b の倍数である。つまり，R は a, b の公倍数である。ところが，L は最小の公倍数だから，R は 0 となるほかはない。
　　　$R = 0$
このとき，
　　　$C = ML$
つまり，C は L の倍数である。——証明終わり

この定理が証明されたので，無数の公倍数を
探す必要はなく，ひとつの最小公倍数を探し
出せば，全体の見通しが得られる。つまり，
公倍数は無数にあっても，それは，最小公倍
数だけの間隔をおいて整然とならんでいるの
である。

a	b	(a,b)	$[a,b]$
4	6	2	12
8	20	4	40
12	18	6	36
7	9	1	63
10	25	5	50
9	12	3	36
……	……	……	……

❸——最大公約数と最小公倍数

●——最大公約数と最小公倍数

つぎに最大公約数と最小公倍数とのあいだにあるひとつの関係について
考えてみよう。

試みに，二つの数 a, b と最大公約数 (a, b) と最小公倍数 $[a, b]$ とを
2，3 の例について求めてみよう——図❸。

この表をみると，(a, b) と $[a, b]$ との間に一定の法則がかくれている
らしいことに気づくだろう。それは (a, b) と $[a, b]$ をかけると，a と
b をかけたものになるらしいということである。

$4 \times 6 = 24,$ $2 \times 12 = 24$
$8 \times 20 = 160,$ $4 \times 40 = 160$
$12 \times 18 = 216,$ $6 \times 36 = 216$
$7 \times 9 = 63,$ $1 \times 63 = 63$
$10 \times 25 = 250,$ $5 \times 50 = 250$
$9 \times 12 = 108,$ $3 \times 36 = 108$
…………   …………

このような法則がすべての a, b に対して成り立つことは，上のように
計算して確かめるわけにはいかない。なぜなら，a, b は無数にあるから，
無数の計算をしなければならないが，そういうことは不可能である。

そこで，無数の，あらゆる a, b について，上に予想した法則

$$ab = (a, b)[a, b]$$

が成り立つことを示すには，実際計算とはちがった方法によらねばならない。

定理——二つの数 a, b の最大公約数を (a, b)，最小公倍数を $[a, b]$ と
するとき，つぎの関係が成り立つ。

$$ab=(a,\ b)[a,\ b]$$

証明——ab は a でも b でも割りきれるから，$a,\ b$ の公倍数である。$[a,\ b]$ は $a,\ b$ の倍数だから，適当な整数 $b',\ a'$ をえらんで，

$$ab'=[a,\ b]$$
$$a'b=[a,\ b]$$

とすることができる。ところが，前の定理で，ab は $[a,\ b]$ の倍数である。

$$ab=[a,\ b]d$$

だから，それは $ab',\ a'b$ の倍数である。換言すれば，ab は $ab',\ a'b$ で割りきれる。このことから，b は b' で，a は a' で割りきれる。

$$ab=ab'd \qquad ab=a'bd$$

これから，

$$b=b'd \qquad a=a'd$$

つまり，d は $a,\ b$ の公約数である。d が $a,\ b$ の任意の公約数であったら，$\dfrac{ab}{d}$ は $a,\ b$ の公倍数である。なぜなら，

$$\frac{ab}{d}=a\left(\frac{b}{d}\right)$$

とすれば，a の倍数になるし，

$$\frac{ab}{d}=\left(\frac{a}{d}\right)b$$

とすれば，b の倍数になるからである。
そのようなもののなかで，最小なものは分母の d が最大のときである。つまり，

$$d=(a,\ b)$$

のときである。だから，つぎのようになる。

$$ab=(a,\ b)[a,\ b] \quad \text{——証明終わり}$$

以上の証明を文字の使用になれていない小学校でやろうとすると，タイルを利用するとよい。

まず，$a\times b$ の方形をつくる（長方形としないで方形ということにする）——図❹。斜線の部分が $[a,\ b]$ である。

また，d が $a,\ b$ の公約数であるとき，図❺のような方形をつくると，それが $a,\ b$ の公約数になっている。

斜線の部分は $a\times\dfrac{b}{d}$ と $\dfrac{a}{d}\times b$ である。このようなもののなかで最小なものは d の最大なものである。方形の表示を使うと、式を使わないで議論が進められる。以上のようにすると、あらゆる a, b について、

$$ab=(a, b)[a, b]$$

という一般法則が証明される。これはいかにも定理らしい定理であるから、証明ということを教えるのによいチャンスではないかと思う。この法則を使うと、最小公倍数の求め方がわかる。それを段階的に書くと、つぎのようになる。

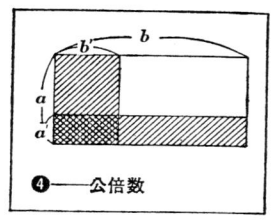

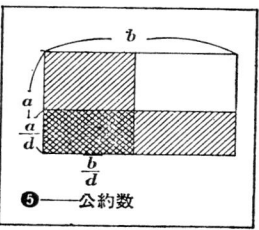

❹——公倍数

❺——公約数

①——a, b の最大公約数 (a, b) を互除法によって求める。
②——a, b の一方を (a, b) で割り、それを他方の数とかけ合わせる。つまり、$a\cdot\dfrac{b}{(a, b)}$ か $\dfrac{a}{(a, b)}\cdot b$ かをつくる。

例——$[36, 63]$ を求めよ。
解——①によって、互除法で 36 と 63 の最大公約数を求める。

```
      1           1            3
  36)6 3      27)3 6       9)2 7
     3 6         2 7          2 7
     2 7          9            0
```

最大公約数は 9 である。

$(36, 63)=9$

そして、②によって、

$36\div 9=4$

$4\times 63=252$

$[36, 63]=252$ である。

問い——この方法で、つぎの最小公倍数を求めよ。

$[28, 49]$　　$[64, 96]$　　$[56, 70]$　　$[45, 25]$　　$[52, 84]$
$[32, 39]$

●――三つ以上の数の最小公倍数

三つの数 a, b, c の最小公倍数を $[a, b, c]$ で表わすことにしよう。このとき，どのようにしてそれを求めるか。

最小公倍数の意味からすると，a, b, c の倍数をつくり，その共通の要素をとり出して公倍数をつくり，そのなかからいちばん小さいものをえらび出せばよい。

たとえば，$[4, 6, 9]$ を求めてみよう。

4 の倍数，

　　4, 8, 12, 16, 20, 24, 28, 32, **36**, 40, 44, ……

6 の倍数，

　　6, 12, 18, 24, 30, **36**, 42, 48, 54, 60, 66, **72**, ……

9 の倍数，

　　9, 18, 27, **36**, 45, 54, 63, **72**, 81, ……

ここで共通のものは，

　　36, 72, ……

である。そのなかで最小のものは36である。

　　$[4, 6, 9] = 36$

このような方法でもできないことはない。しかし，巧みな方法とはいえない。そこで，つぎの定理を証明しよう。

定理――a, b, c の最小公倍数は a, b の最小公倍数 $[a, b]$ と c の最小公倍数に等しい。式に書くと，

　　$[a, b, c] = [[a, b], c]$

証明――$[a, b, c]$ は a, b の公倍数であることはいうまでもない。だから，$[a, b]$ の倍数である。そして，c の倍数でもあるから，$[a, b, c]$ は $[a, b]$ と c の公倍数である。そのなかで最小のものだから最小公倍数である。だから，

　　$[a, b, c] = [[a, b], c]$――証明終わり

この定理を使って，たとえば，$[4, 6, 9]$ を求めてみよう。

①――$(4, 6)$ を互除法で求める。

$$4 \overline{\smash{)}\overset{1}{6}} \qquad 2\overline{\smash{)}\overset{2}{4}}$$
$$\underline{4} \qquad \underline{4}$$
$$2 \qquad 0$$

したがって，
$$(4, 6) = 2$$

② ―― $4 \div 2 = 2$

$2 \times 6 = 12$

$[4, 6] = 12$

③ ―― $(12, 9)$ を互除法で求める。

$$9 \overline{\smash{)}\overset{1}{12}} \qquad 3\overline{\smash{)}\overset{3}{9}}$$
$$\underline{9} \qquad \underline{9}$$
$$3 \qquad 0$$

だから，
$$(12, 9) = 3$$

④ ―― $12 \div 3 = 4$

$4 \times 9 = 36$

結局，
$$[4, 6, 9] = [[4, 6], 9] = [12, 9] = 36$$

問い ―― 上の方法で，つぎのような最小公倍数を求めよ。

[9, 12, 21]　　[15, 18, 24]　　[6, 8, 18]　　[10, 15, 25]

同じく，4個，5個，……のばあいも，はじめから つぎつぎに 最小公倍数を求めていけばよい。

例 ―― 6，9，15，25の最小公倍数を求めよ。

解 ――

① ―― $(6, 9)$ を求める。

$$6 \overline{\smash{)}\overset{1}{9}} \qquad 3\overline{\smash{)}\overset{2}{6}}$$
$$\underline{6} \qquad \underline{6}$$
$$3 \qquad 0$$

$$(6, 9) = 3$$

② ―― $6 \div 3 = 2$

Ⅳ―中学数学入門講座

$2 \times 9 = 18$

$[6, 9] = 18$

③——$(18, 15)$を求める。

```
      1              5
15)1 8         3)1 5
   1 5            1 5
     3              0
```

$(18, 15) = 3$

④——$18 \div 3 = 6$

$6 \times 15 = 90$

$[18, 15] = 90$

⑤——$(90, 25)$を求める。

```
       3          1          1          2
25)9 0     15)2 5     10)1 5     5)1 0
   7 5        1 5        1 0        1 0
   1 5        1 0          5          0
```

$(90, 25) = 5$

⑥——$90 \div 5 = 18$

$18 \times 25 = 450$

<u>答え　450</u>

問い——上の方法で，つぎの最小公倍数を求めよ。

　　　$[4, 6, 14, 21]$　　$[5, 15, 36, 42]$　　$[8, 14, 6, 18]$

●——互いに素な数

二つの数 a, b の最大公約数が1であるとき，a, b は互いに素である，という。すなわち，

　　　$(a, b) = 1$

となるときである。たとえば，4と9とは，

　　　$(4, 9) = 1$

であるから，互いに素である。

定理——a, b が互いに素であるとき，

　　　$ab = [a, b]$

証明——一般に
$$ab=(a,\ b)[a,\ b]$$
であるが，ここではとくに
$$(a,\ b)=1$$
であるから，つぎのようになる。
$$ab=[a,\ b]$$ ——証明終わり

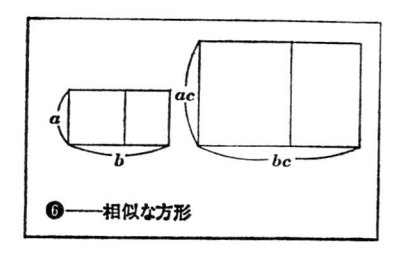

❻——相似な方形

定理——つぎの式が成り立つ。
$$(ac,\ bc)=(a,\ b)c$$
証明——$(a,\ b)$と$(ac,\ bc)$を互除法で求めるとき，二つの方形は，たて，よこが同じ比になっている——図**❻**。
正方形を切りとっていくときも同じ比になっていく。つまり，一方をc倍していくだけであるから，正方形切りとりの手続きは両方が平行に進行していく。
一方で最後の正方形にいきついたら，他方も最後の正方形になるはずである。そして，一方は他方のc倍になっている。
左のほうの最後の正方形の一辺は$(a,\ b)$であるから，右のほうの最後の正方形の一辺$(ac,\ bc)$は，それのc倍である。
$$(ac,\ bc)=(a,\ b)c$$ ——証明終わり

定理——$[ac,\ bc]=[a,\ b]c$
証明——$[ac,\ bc]=\dfrac{ac\cdot bc}{(ac,\ bc)}=\dfrac{ab\cdot c^2}{(a,\ b)c}=\dfrac{ab}{(a,\ b)}\cdot c=[a,\ b]c$ ——証明終わり

定理——aとbが互いに素で，bcがaの倍数なら，cがaの倍数である。
証明——$(a,\ b)=1$
であるから，
$$(ac,\ bc)=1\cdot c=c$$
bcはaの倍数だから，
$$bc=ad$$
とかける。
$$(ac,\ ad)=c$$
$$(c,\ d)a=c$$

つまり，c は a の倍数である。——証明終わり

定理—— a と b は互いに素であり，c は a, b の公倍数なら，c は ab の倍数である。

証明——前の定理で c は $[a, b]$ の倍数である。

ところで，
$$(a, b) = 1$$
だから，
$$ab = [a, b]$$
だから，c は ab の倍数である。——証明終わり

素数

●――素数とはなにか

整数はたし算・ひき算ができるという点で、いわゆる加法群になっている。この加法をもとにすると、すべて1がもとになる。

$$1=1$$
$$1+1=2$$
$$1+1+1=3$$
....

このようにして自然数がつくり出されるし、その符号をかえると、負の整数がつくり出される。

$$-1$$
$$-2$$
$$-3$$
......

つまり、1をくりかえして加えたり、ひいたりすると、整数がつくり出される。ところが、整数は、一方においてかけ算・わり算ができる。

ところで、かけ算・わり算については、1のようなものは何であろうか。そのようにして生まれてきたのが素数である。素数とは何であろうか。

素数の定義――
約数が二つある正整数を素数という。

2，3，5，7，……などはたしかに素数である。たとえば，2の約数は1と2だけで，他に約数はない。

しかし，ここで注意しておきたいが，1は素数ではない。なぜなら，1の約数は1だけで，他にはない。つまり，約数がひとつしかないから，上の定義には当てはまらないのである。

1が素数でないということはたいせつなことである。1を素数の仲間に入れると，後にでてくる素因数分解の一意性が成り立たなくなるのである。

たとえば，6を分解すると，
$$6 = 2 \cdot 3$$
となる。もし，1が素数なら，
$$6 = 1 \cdot 2 \cdot 3$$
も素因数分解になるし，また，
$$6 = 1 \cdot 1 \cdot 2 \cdot 3$$
もまた，素因数分解になる。このように1を書き添えると，分解のしかたは無限にあるのである。
$$6 = 1 \cdot 1 \cdot \cdots\cdots \cdot 1 \cdot 2 \cdot 3$$
つまり，このことを考えると，1を素数の仲間に入れると，素因数分解の一意性は成り立たなくなるのである。しかし，オイレルのような大数学者も1を素数の仲間に入れている。

● ── エラトステネスのふるい

素数を発見するためのもっとも素朴であって，しかも，重要なものはエラトステネス(B.C. 276?-194年?)のふるいである。それは素数でないものをつぎつぎにふるい落としていって，素数だけを残すという方法である。まず，1から100までの素数をみつけることにしよう。まず，1から100まで順々に書きならべる。

1，2，3，<u>4</u>，5，<u>6</u>，7，<u>8</u>，<u>9</u>，<u>10</u>，
11，<u>12</u>，13，<u>14</u>，<u>15</u>，<u>16</u>，17，<u>18</u>，19，<u>20</u>，
<u>21</u>，<u>22</u>，23，<u>24</u>，<u>25</u>，<u>26</u>，<u>27</u>，<u>28</u>，29，<u>30</u>，
31，<u>32</u>，<u>33</u>，<u>34</u>，<u>35</u>，<u>36</u>，37，<u>38</u>，<u>39</u>，<u>40</u>，
41，<u>42</u>，43，<u>44</u>，<u>45</u>，<u>46</u>，47，<u>48</u>，<u>49</u>，<u>50</u>，

51, 52, 53, 54, 55, 56, 57, 58, 59, 60,
　　　61, 62, 63, 64, 65, 66, 67, 68, 69, 70,
　　　71, 72, 73, 74, 75, 76, 77, 78, 79, 80,
　　　81, 82, 83, 84, 85, 86, 87, 88, 89, 90,
　　　91, 92, 93, 94, 95, 96, 97, 98, 99, 100,

ここで，まず1は除く。だから，つぎの2は素数である。まず，2の倍数を除く（下線を引いていく）。これは2の間隔でならんでいる。

ここで，残ったものでもっとも小さいのは3である。この3が2のつぎの素数である。つぎに，この3の倍数を除く。

おなじように，残ったものでいちばん小さいのは5である。つぎに，この5の倍数を除いていく。残ったものでいちばん小さいのは7である。この7がつぎの素数である。この7の倍数を除いていく。残ったものでいちばん小さいのは11である。ここで，11の倍数を除いていく。

ところで，100以下の数で ab という形に分かれるときは，

　　　$a \leqq b$

とすると，

　　　$ab \leqq 100$

　　　$a^2 \leqq ab \leqq 100$

　　　$a \leqq \sqrt{100} = 10$

つまり，小さいほうの素因数は $\sqrt{100} = 10$ より小さい。だから，$\sqrt{100}$ 以下の素数の倍数として，すでにふるい落とされているはずである。したがって，11の倍数をふるい落とす必要はないのである。

これが1000までの素数をみつけるときには，$\sqrt{1000} = 31.\cdots\cdots$ であるから，31までの倍数をふるい落とせばよいのである。

そこで，残った数をならべてみると，つぎのようになる。

　　　2, 3, 5, 7, 11, 13, 17, 19, 23, 29
　　　31, 37, 41, 43, 47, 53, 59, 61, 67
　　　71, 73, 79, 83, 89, 97

以上25個で，これが100以下の素数である。これらの素数はよくおぼえておくことが望ましい。

注意しておきたいのは，素数でないのに素数とまちがうのは，

　　　$91 = 7 \times 13$

である。7でわり切れるかどうかも簡単に見分けがつかないし，13も同様である。そのために91は素数と思いちがいをされることがある。

●——素数は無数にある

100以下の素数は25個あるし，1000以下では168個ある。同じ密度で素数が分布しているとすれば，1000までの素数は250個あってもよさそうであるが，168個しかないとすると，先にいくにしたがって素数の密度はしだいにまばらになってくることが想像される。

そこで，あるところから先は素数はなくなってしまって，結局，素数は有限個しかないのかというと，けっしてそうではない。

〝素数は無限にある〟

のである。この事実を明確に証明したのはだれであったか知らないが，最初にこの証明を書いたのはユークリッドである。この証明は，背理法をみごとに使った例のひとつである。

まず，素数の個数については，つぎの二つの場合があり，それ以外にはあり得ないことは明らかである。

$$\text{素数は}\begin{cases}\text{有限個ある}\\\text{無限個ある}\end{cases}$$

この二つの可能性があるとき，本当は第2の場合になることを証明したいのであるが，それを直接証明することはむずかしい。なぜなら，無限個の素数を実際つくってみせることは困難だからである。

そこで，第1の場合に着目して，第1の場合が本当だとすると，何かの矛盾が引き出せることを証明してみせるのである。そこで，どうしても第2の場合しか起こらないことが証明されるという段取りになるのである。これが，いわゆる背理法である。

背理法などというと，いかにも大げさなことに聞こえるが，じつはわれわれが日常使っている考え方にすぎない。両手でひとつのおはじきをつかんで，パッと二つに分けて，さて，どちらにはいっているかときいたとき，一方の手を開いたら，おはじきがはいっていなかったら，他の手にはいっていることは，その手を開いてみないでも明らかである。それと同じ考え方にすぎない。

そこで，この背理法を適用してみよう。

まず，素数が有限個，つまり，n 個であるとしよう。それを，
$$2,\ 3,\ 5,\ \cdots\cdots,\ p_{n-1},\ p_n$$
で表わす。これが全部の素数である。ここで，
$$2\cdot 3\cdot 5\cdots\cdots p_{n-1}\cdot p_n+1=A$$
という数をつくる。このAは，
$$2,\ 3,\ 5,\ \cdots\cdots,\ p_n$$
のどれかで割っても，1が残る。つまり，Aは，
$$2,\ 3,\ 5,\ \cdots\cdots,\ p_{n-1},\ p_n$$
のどれでも割り切れない。Aにふくまれている素数は $2,\ 3,\ 5,\ \cdots\cdots,\ p_n$ のどれでもないわけである。ところが，はじめにあげた，
$$2,\ 3,\ 5,\ \cdots\cdots,\ p_n$$
はすべての素数であったのに，それ以外にも新しい素数が現われることになって，矛盾がおこる。このように，〝素数は有限個である〟と仮定すると，矛盾がおこる。したがって，〝素数は無限個ある〟ということになる。

ところで，素数というものを考えることによって，何か大きな利益が得られるはずであるが，それは何であろうか。それは素因数分解の一意性の定理である。

●──素因数分解の一意性

正の整数 a をしだいに多くの因数に分解していくと，最後にはそれは素数だけの積になる。
$$60=2\cdot 30=2\cdot 2\cdot 15=2\cdot 2\cdot 3\cdot 5$$
これは，もう素数だけで，これ以上，多くの因数に分けることは，もうできない。このままでもよいが，代数をやっていない小学生は累乗の記号を知らないのであるから，ここで，それを教えてもよいのではないかと思う。
$$60=2\cdot 2\cdot 3\cdot 5=2^2\cdot 3\cdot 5$$
しかし，同じ60でも，分解の手続きは一通りであるとは限らない。
$$60=12\cdot 5=4\cdot 3\cdot 5=2\cdot 2\cdot 3\cdot 5=2^2\cdot 3\cdot 5$$
という順序で分解してみると，途中はちがっているが，最終的な結果は同じである。

60 ばかりではなく，あらゆる正の整数を素因数に分けるしかたは一通りしかないことを保証するのが，素因数分解の一意性の定理である。この定理をやるまえに，問題をいくつか生徒にやらせてみるとよい。

問題——つぎの数を素因数に分解しなさい。
　　72　　210　　96　　56　　100　　91　　49　　40　　128
　　135

これらの問題をやらせるときは，一題をひとりだけ黒板に出てやらせないで，一題を三人ぐらいでやらせる。そうすると，かならずちがったやり方でやるだろう。それをクラスの全生徒に見せて，〝途中のやり方はちがっていても，最終的な答えはみな一致する〟という事実に注意させる。そのあとで，一意性の定理を予想させ，そのあとで，証明にうつるようにするとよい。
その準備として，つぎの事実を証明しておく。

定理 1——c は a と互いに素で，ab は c で割り切れるとき，b は c で割り切れる。
証明——c は a と互いに素である。すなわち，c と a との GCM（最大公約数）は 1 である。
　　　$(c, a) = 1$
ここで，bc と ab の GCM は b である。
　　　$(bc, ab) = b$
ここで，ab は仮定によって c で割り切れる。bc ももちろん c で割り切れる。だから，その GCM b は c で割り切れる。——証明終わり

この定理をつかって，つぎの定理を証明する。

定理 2——素数 p が素数の積，
　　　$q_1 \cdot q_2 \cdots\cdots q_n$
を割り切るとき，$q_1, q_2, \cdots\cdots, q_n$ のなかには p と同じものがある。
証明——p が $q_1(q_2\cdots\cdots q_n)$ を割り切るとき，q_1 と p はちがうとすると，

p と q_1 とは互いに素である。その GCM(p, q_1) は p であるか 1 である。p であったら，q_1 は p で割り切れることになって，$p=q_1$ となる。だから，

$$(p, q_1)=1$$

定理1によって，$(q_2\cdots\cdots q_n)$ は p で割り切れる。
また，$q_2\cdots\cdots q_n=q_2(q_3\cdots\cdots q_n)$ は p で割り切れる。
前と同じく q_2 は p でないとすると，$q_3\cdots\cdots q_n$ は p で割り切れる。
このようにしていくと，$q_3, \cdots\cdots, q_{n-1}$ が p とちがうと，最後の q_n は p で割り切れるはずである。つまり，q_n は p と同じになる。つまり，q_1, $q_2, \cdots\cdots, q_n$ のなかには p に等しいものがなければならない。──証明終わり

定理3──ある数 a はつぎの二通りの素因数分解ができるとしよう。

$$a=p_1 p_2 \cdots\cdots p_n$$
$$a=q_1 q_2 \cdots\cdots q_s$$

このとき，

$$n=s$$
$$p_1=q_{t_1}$$
$$p_2=q_{t_2}$$
$$\cdots\cdots$$
$$p_n=q_{t_n}$$

となる。

証明──$a=p_1 p_2 \cdots\cdots p_n=q_1 q_2 \cdots\cdots q_s$ とする。定理2によって，q_1, q_2, $\cdots\cdots$, q_s のなかには p_1 に等しいものがある。それを q_{t_1} とする。

$$p_1=q_{t_1}$$

ここで，両辺を $p_1=q_{t_1}$ で割る。

$$p_2 p_3 \cdots\cdots p_n = q_1 \cdots\cdots q_s$$
$$\downarrow$$
$$q_{t_1}$$

このようにして両辺から，$p_2=q_{t_2}, \cdots\cdots, p_n=q_{t_n}$ を除いていくと，左辺は1となる。

$$1=q_1 \cdots\cdots q_r$$

となる。ここで，$q_1, \cdots\cdots, q_r$ は，みな1で，残る素数はない。だから，左辺の素数と右辺の素数はすべて一致する。──証明終わり

ここで，素因数分解の一意性は証明されたのであるが，これは初等整数論のなかのもっとも基礎的な定理である。これを式で書くと，任意の正の整数は素数 p_1, p_2, ……, p_n の積である。

$$a = p_1^{\alpha_1} p_2^{\alpha_2} \cdots p_n^{\alpha_n}.$$

α_1, α_2, ……, α_n は p_1, p_2, ……, p_n がいくつはいっているか，その重複の度合を表わしている。

$$\underbrace{p_1 \cdots p_1}_{\alpha_1} \quad \underbrace{p_2 \cdots p_2}_{\alpha_2} \quad \cdots \quad \underbrace{p_n \cdots p_n}_{\alpha_n}$$

定理 4 ── a と b との素因数分解がつぎのとおりで，

$$a = p_1^{\alpha_1} p_2^{\alpha_2} \cdots p_n^{\alpha_n}.$$
$$b = p_1^{\beta_1} p_2^{\beta_2} \cdots p_n^{\beta_n}.$$

a が b で割り切れるとき，

$$\beta_1 \leqq \alpha_1$$
$$\beta_2 \leqq \alpha_2$$
……
$$\beta_n \leqq \alpha_n$$

となる。

証明 ── a が b で割り切れるから，a は $p_1^{\beta_1}$ で割り切れる。ところで，p_1 は p_2, ……, p_n とはちがうから，$p_1^{\alpha_1}$ が $p_1^{\beta_1}$ で割り切れるはずである。だから，

$$\beta_1 \leqq \alpha_1$$

となる。p_2 についても同じであるから，

$$\beta_2 \leqq \alpha_2$$

同じように，

$$\beta_n \leqq \alpha_n$$

である。──証明終わり

● ── 約数の個数

定理 4 を使うと，

$$a = p_1^{\alpha_1} p_2^{\alpha_2} \cdots p_n^{\alpha_n}.$$

の約数は，α_1, α_2, ……, α_n より大きくない β_1, β_2, ……, β_n でつく

った

$$p_1{}^{\beta_1} p_2{}^{\beta_2} \cdots\cdots p_n{}^{\beta_n}$$

である。だから，ある数の素因数分解がわかっていれば，その約数を系統的に求めることができる。たとえば，

$$144 = 2^4 \cdot 3^2$$

の約数は，

$2^4 \cdot 3^2 = 144$	$2^4 \cdot 3 = 48$	$2^4 = 16$
$2^3 \cdot 3^2 = 72$	$2^3 \cdot 3 = 24$	$2^3 = 8$
$2^2 \cdot 3^2 = 36$	$2^2 \cdot 3 = 12$	$2^2 = 4$
$2 \cdot 3^2 = 18$	$2 \cdot 3 = 6$	$2 = 2$
$3^2 = 9$	$3 = 3$	$1 = 1$

このようにすると，すべての約数をもれなく求めることができる。約数の個数は $5 \times 3 = 15$ であることも，この表によって明らかである。これは，

$$(4+1) \cdot (2+1) = 15$$

である。だから，$p_1{}^{\alpha_1} p_2{}^{\alpha_2} \cdots\cdots p_n{}^{\alpha_n}$ の約数は，$p_1{}^{\beta_1} p_2{}^{\beta_2} \cdots\cdots p_n{}^{\beta_n}$ で，

β_1 は $0, 1, 2, \cdots\cdots, \alpha_1 \longrightarrow (\alpha_1+1)$ 個
β_2 は $0, 1, 2, \cdots\cdots, \alpha_2 \longrightarrow (\alpha_2+1)$ 個
....　　　　　　　............
β_n は $0, 1, 2, \cdots\cdots, \alpha_n \longrightarrow (\alpha_n+1)$ 個

の値を自由にすることができるので，その個数は，

$$(\alpha_1+1)(\alpha_2+1)\cdots\cdots(\alpha_n+1)$$

になる。ここで，2 から 100 までの数の素因数分解の表をつくってみる。

	$11 = 11$	....
$2 = 2^1$	$12 = 2^2 \cdot 3$	....
$3 = 3$	$13 = 13$	....
$4 = 2^2$	$14 = 2 \cdot 7$	....
$5 = 5$	$15 = 3 \cdot 5$	....
$6 = 2 \cdot 3$	$16 = 2^4$	....
$7 = 7$	$17 = 17$	....
$8 = 2^3$	$18 = 2 \cdot 3^2$	....
$9 = 3^2$	$19 = 19$	....
$10 = 2 \cdot 5$	$20 = 2^2 \cdot 5$	$100 = 2^2 \cdot 5^2$

この表を使うと，約数の個数が求められる。

●――素因数分解と原子論的方法

ここで素因数分解の意義について考えておこう。

素数はこれ以上分解できない，という意味で化学の元素のようなものである。つまり，数学における原子論的方法のもっともよい実例である。だから，素因数分解

$$48 = 2^4 \cdot 3$$

は，

$$水 = H_2O$$

などの分子式と同じようなものである。化学における原子論以前と，原子論以後では思考法の上では格段のちがいがあるように，整数論でも素因数分解の一意性が証明される前と後では格段のちがいがあるのである。約数・倍数でも素因数分解を利用すると，見通しがよくなることはいうまでもない。たとえば，a, b の素因数分解がつぎのようなものであるとき，

は，
$$a = p_1^{\alpha_1} p_2^{\alpha_2} \cdots\cdots p_n^{\alpha_n}$$
$$b = p_1^{\beta_1} p_2^{\beta_2} \cdots\cdots p_n^{\beta_n}$$

a, b の GCM を求めるには p_1 の指数の α_1, β_1 をくらべて，小さいほうをとり，等しかったら，それ自身をとる。これを，

$$\mathrm{Min}(\alpha_1, \beta_1) = \gamma_1$$

とする。同じく，

$$\mathrm{Min}(\alpha_2, \beta_2) = \gamma_2$$
$$\cdots\cdots\cdots$$
$$\mathrm{Min}(\alpha_n, \beta_n) = \gamma_n$$

とすると，

$$p_1^{\gamma_1} p_2^{\gamma_2} \cdots\cdots p_n^{\gamma_n}$$

が GCM である。逆に大きい方を

$$\mathrm{Max}(\alpha_1, \beta_1) = \delta_1$$
$$\mathrm{Max}(\alpha_2, \beta_2) = \delta_2$$
$$\cdots\cdots\cdots$$
$$\mathrm{Max}(\alpha_n, \beta_n) = \delta_n$$

とすると，$p_1^{\delta_1} p_2^{\delta_2} \cdots\cdots p_n^{\delta_n}$ が LCM(最小公倍数)である。たとえば，
$$60 = 2^2 \cdot 3 \cdot 5$$
$$36 = 2^2 \cdot 3^2$$
の GCM は，
$$2^2 \cdot 3 = 12$$
LCM は，
$$2^2 \cdot 3^2 \cdot 5 = 180$$
である。
このように素因数分解ができていたら，互除法なしで GCM や LCM が求められる。

集合と関数

●——集合と関数と写像

数学教育の現代化というスローガンが浸透していくにつれて,集合がクローズアップされてきた。

そのこと自体はもちろん正しいことであるし,歓迎すべきことであるが,しかし,そのなかには,現代数学の教科書のスタイルを,そのまま初等教育にもちこんだとしか思われないものもある。そのひとつとして集合と関数との関係がある。

関数を二つの集合のあいだの写像として定義することは,それ自身としてけっしてまちがいではないし,正しいことである——図❶。しかし,それですべての問題が一挙に解決されるだろうか。事実はそう簡単ではないのである。

なぜなら,定義域のA,値域のBは,いちど定めたら,そのまま永久に変わらないというようなものではなく,必要に応じて伸縮可能なものであって,関数fもやはり広い定義域の上に拡張するのが可能になってくるのである。A,B,fというもののあいだの関係はけっして単純なものではない。

たとえば,$f(x)=2x$ という関数は,小学校2年生にとっては0および正の整数を定義域とする関数であるが,6年になると,0および正の有理数を定義域とする関数にまで拡張される。そのさい,

$$f(x+y)=f(x)+f(y)$$

という関数方程式が基礎となる。この方程式を満足するように定義域,

したがって，値域の拡張が行なわれるのである。さらに中学になると，定義域は実数全体にまで拡張される。

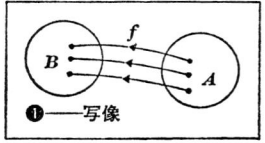

この例からもわかるように，定義域も値域も，そして，そのあいだの写像を与える関数も不動のものではなく，必要に応じて拡張されるものなのである。

逆に縮小されるばあいもある。たとえば，

$$f(x) = \frac{1}{x^2+3x+2}$$

という関数では，x はすべての実数値をとることはできない。なぜなら，

$$\frac{1}{x^2+3x+2} = \frac{1}{(x+1)(x+2)}$$

となるから，$x=-1$，$x=-2$ では分母が0になるために，この関数は値を有しないはずであり，したがって，-1，-2 という2点は定義域から除いておかねばならないわけである。しかも，それは関数そのものを分析してみてから，そのあとで除外する点がわかってくるのである。このばあいには定義域をまず定めてから，そのあとで写像としての関数を定義するという順序ではなく，関数から逆に定義域が定まってくるのである。

これが陰関数になってくると，いよいよやっかいになってくる。

$$f(x, y) = x^2+y^2-2 = 0$$

では，定義域は $f(x, y)$ をかなり分析してみないと定められないのである。

以上の例からみても，定義域の集合をまず定めてから，そのあとで写像としての関係を定義として定める，という具合にうまくいかないことがわかる。

数学という学問を，完成してしまった，これ以上，発展の余地のない静的な科学としてとらえるなら，それでよいかもしれない。しかし，数学という学問そのものは常に発展しつつあり，生成しつつあるという立場に立つなら，おのずから異なった取り扱いが必要になってくる。後者の立場に立つなら，その発展の法則性をつかませるような教え方を探り出さねばならないだろう。

❼──定義域の拡大

関数の定義域は常に拡大される傾向をもっているということを念頭において，数学教育の全体系をきずき上げねばならない。そのさい，はじめからもっとも広い定義域を導入することができたら，問題はないが，そううまくはいかないのが普通である。前にあげた，

$$f(x)=2x$$

をとってみよう。

この定義域をはじめから実数全体の集合にとることは，小学校2年生にとっては不可能である。しかし，そこには実数への拡大を念頭において配慮すべきことはある。それは，

$$2x=2\times x$$

における×の定義のしかたが実数への拡大を円滑にするようなしかたでなければならない，ということである。

このとき，累加による定義は実数への拡大にとって障害になるので，〝量×量〟による定義をこれにかえるというのがわれわれの主張であった。これは，定義域の拡大を計算に入れた乗法の新しい定義なのである。このような配慮は数学教育のあらゆる場面に姿を現わすものである。

たとえば，$\sin x$，$\cos x$ の定義にしても，三角比による定義は x が鋭角のばあいにしか通用しないのに対して，単位円による定義ははじめから一般角への拡大を可能にしている。

このようなことは，より高級な場合にもでてくる。たとえば，

$$f(n)=n!$$

という関数の定義域は正整数の集合

$$\{1,\ 2,\ 3,\ \cdots\cdots,\ n,\ \cdots\cdots\}$$

であるが，

$$f(n)=nf(n-1)$$

という関数方程式が $n=1$ にも成立すると仮定すると，

$$f(1)=1\cdot f(0)$$
$$f(0)=1$$

が得られ，

$$0!=1$$

が結果する。さらに，

$$\Gamma(x)=\int_0^\infty e^{-t}t^{x-1}dt$$

という定積分を考えると，この $\Gamma(x)$ は，

$\Gamma(x+1)=x\Gamma(x)$
$\Gamma(1)=1$

という関数方程式を満足するから，

$\Gamma(n)=(n-1)!$

になる。このとき，$\Gamma(x)$ の定義域は $0<x$ なる実数全体である。
ここで，$0<x<1$ のなかで，

$$\Gamma(x)\Gamma(1-x)=\frac{\pi}{\sin\pi x}$$

という関数方程式が成立することが証明できる。

$$\Gamma(1-x)=\frac{\pi}{\Gamma(x)\sin\pi x}$$

となるが，右辺は $0<x$ なるすべての実数（整数を除く）に対して意味をもつ。それを $\Gamma(1-x)$ の定義とみなせば，$\Gamma(x)$ は 0 および負の整数を除くすべての実数に対して意味をもつ。

このようにして，$\Gamma(x)$ の定義域はつぎつぎに拡張されたが，この拡張のプロセスをみると，古い定義域において成り立っている関数関係（関数方程式）の形式が，そのまま拡大された新しい集合にも成り立つと仮定して，そこから逆に関数の定義を導き出してくる，という方法である。

この考えかたは加法・減法・乗法・除法等の関数についてもいえる。このとき，古い定義域における関数関係を新しい拡大された定義域へ拡張するときに，形式不易の原理といわれるものがある。

この形式不易の原理というものを，どう解釈するかが数学教育にとって重要な分岐点になる。これをたんに形式だけのものと考えると，それは数学教育における形式主義に道を開くことになる。なぜ，その関数関係が拡大された定義にまで拡大されねばならぬか，その理由づけがないからである。そのとき，とくに初等教育では，その背後には量——多くのばあいは連続量——の法則が存在することを忘れてはならない。

大正から昭和のはじめにかけての改革運動では形式不易ということが盛んに言われたらしいが，そのさい，形式不易の背後には量の法則がひかえていることが忘れられていたようである。

●──────整数論的関数

定義域と関数との関係が相互的であり，しだいに拡大していくものとすると，はじめから拡大の必要のないほど広い定義域を設定することはできない相談であるし，また，その必要もない，ということになる。

ここで，よくある議論にふれておく必要がある。それはマイナスをはやく導入したほうがよいか，それとも文字をはやく導入したほうがよいか，という問題である。

これまで，"文字をはやく導入すると，プラスの数についての諸法則を学んでおいて，さらにマイナスがはいってくると，もういちどそれらの法則をやり直さねばならない。だからマイナスをはやく導入しておいて，そのあとで文字を導入して，諸法則を一挙にやったほうがよい"という主張がある。

これははじめに定義域をできるだけ広くとっておいて，そのあとで関数を導入するという考え方である。しかし，それは無条件に正しいだろうか。

はじめにどのように広く定義域を設定しても，それ以上，拡大の必要がないということになると，定義域をはじめからそれほど広くとる必要はないということになる。そういう意味で，必要に応じては狭い定義域からはじめることもけっしてまちがいではない。

そういう見地から，正の整数に対してだけ定義されている整数論的関数 (arithmetical function) をはじめにもってくることも考えられる。

整数論的関数の例としては，正整数 n の約数の個数を $d(n)$ で表わすと，この $d(n)$ は整数論的関数の一例である。

$d(1)=1$
$d(2)=2$
$d(3)=2$
$d(4)=3$
$d(5)=2$
$d(6)=4$
…………

このような関数は定義域が狭いという欠点を補って余りのある長所を数多くもっている。まず第1に計算しやすいということである。約数の個

数を数えることは小学生にも十分できることであって，表などを必要としない。
$$f(x)=x^2$$
などは，x が一般の実数であるときは計算がすこぶる困難である。$(0, 1)$ という区間だけでも，$f(x)=x^2$ の値の全部を求めることはできないのである。ところが，$d(n)$ のような関数は，有限の区間ではすべての値を求めることができるのである。

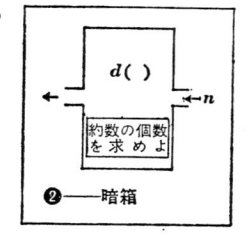

つぎに，はじめから，
$$f(x)=2x^2-3x+4$$
のような多項式関数だけをやっていると，このように四則の計算によって求められるものだけが関数である，という誤解を与えるおそれがある。ところが，$d(n)$ は四則によって求められていないので，そのような誤解を与えるおそれはない。このような利点をもっているので，関数としては，はじめに $d(n)$ のような関数をもってくることも考えられてよい。暗箱を使うとすると，図❷のようになる。

このとき，$d(n)$ は n の約数をひとつひとつ求めても計算できるが，もっと別の求め方もある。

●——約数の個数の求め方

n の素因数分解はつぎのようなものであるとする。
$$n=p_1^{\alpha_1}p_2^{\alpha_2}\cdots\cdots p_s^{\alpha_s}$$
このとき，$d(n)$ を求めることができる。たとえば，$n=72$ のとき，素因数分解は，
$$72=2^3 \cdot 3^2$$
となる。このとき，約数は，
$$2^{\beta_1} \cdot 3^{\beta_2} \quad (0 \leq \beta_1 \leq 3, \ 0 \leq \beta_2 \leq 2)$$
という形になっているということは，前節の「素数」で証明されたとおりである。つまり，約数は，

$2^0 \cdot 3^0 = 1 \quad 2^0 \cdot 3^1 = 3 \quad 2^0 \cdot 3^2 = 9$

$2^1 \cdot 3^0 = 2 \quad 2^1 \cdot 3^1 = 6 \quad 2^1 \cdot 3^2 = 18$

$2^2 \cdot 3^0 = 4 \quad 2^2 \cdot 3^1 = 12 \quad 2^2 \cdot 3^2 = 36$

$$2^3 \cdot 3^0 = 8 \quad 2^3 \cdot 3^1 = 24 \quad 2^3 \cdot 3^2 = 72$$

つまり，2の指数は0から3までで，3+1=4だけの種類があり，3の指数は0から2まで，2+1=3だけの種類があるので，その組み合わせは，

$$(3+1) \times (2+1) = 4 \times 3 = 12$$

$$d(72) = 12$$

となるのである。

また，$n=60$ であったら，素因数分解は，

$$60 = 2^2 \cdot 3^1 \cdot 5^1$$

であるから，その約数は，

$$2^{\beta_1} \cdot 3^{\beta_2} \cdot 5^{\beta_3}$$

という形で，

$$0 \leq \beta_1 \leq 2$$
$$0 \leq \beta_2 \leq 1$$
$$0 \leq \beta_3 \leq 1$$

であって，その組み合わせは，

$$3 \times 2 \times 2 = 12$$

となる。

$$d(60) = 12$$

一般に n の素因数分解が，

$$n = p_1^{\alpha_1} p_2^{\alpha_2} \cdots p_s^{\alpha_s}$$

であるときには，その約数は，

$$p_1^{\beta_1} p_2^{\beta_2} \cdots p_s^{\beta_s}$$

という形で，指数の条件は，

$$0 \leq \beta_1 \leq \alpha_1$$
$$0 \leq \beta_2 \leq \alpha_2$$
$$\cdots\cdots\cdots$$
$$0 \leq \beta_s \leq \alpha_s$$

となる。β_1 のとり得る値の数は α_1+1，β_2 のとり得る値の数は α_2+1，……，β_s のとり得る値の数は α_s+1 で，その組み合わせは，全部で，

$$(\alpha_1+1)(\alpha_2+1)\cdots(\alpha_s+1)$$

となる。

問い――つぎの数の素因数分解を求め，それを利用して，その約数の個数を求めよ。

48　　360　　99　　91　　128　　144　　169　　135　　84　　1000

●――約数の和と完全数

n のすべての約数の和を $\sigma(n)$ で表わす。その約数のなかには 1 と n 自身がふくまれている。

ところで，n の約数は，

$$p_1{}^{\beta_1} p_2{}^{\beta_2} \cdots\cdots p_s{}^{\beta_s}$$
$$0 \leqq \beta_1 \leqq \alpha_1$$
$$0 \leqq \beta_2 \leqq \alpha_2$$
$$\cdots\cdots\cdots$$
$$0 \leqq \beta_s \leqq \alpha_s$$

という形をしているから，

$$(1+p_1+p_1{}^2+\cdots\cdots+p_1{}^{\alpha_1})(1+p_2+p_2{}^2+\cdots\cdots+p_2{}^{\alpha_2})$$
$$\cdots\cdots(1+p_s+p_s{}^2+\cdots\cdots+p_s{}^{\alpha_s})$$

を展開すると，そのひとつひとつが約数になっているのである。このひとつの因数を，

$$a=1+p_1+\cdots\cdots+p_1{}^{\alpha_1}$$

とすると，

$$ap_1=p_1+p_1{}^2+\cdots\cdots+p_1{}^{\alpha_1+1}=a-1+p_1{}^{\alpha_1+1}$$
$$a(p_1-1)=p_1{}^{\alpha_1+1}-1$$
$$a=\frac{p_1{}^{\alpha_1+1}-1}{p_1-1}$$

したがって，

$$\sigma(n)=\frac{p_1{}^{\alpha_1+1}-1}{p_1-1} \cdot \frac{p_2{}^{\alpha_2+1}-1}{p_2-1} \cdots\cdots \cdot \frac{p_s{}^{\alpha_s+1}-1}{p_s-1}$$

となる。たとえば，$n=72$ とすると，

$$72=2^3 \cdot 3^2$$

であるから，

$$\sigma(72)=\frac{2^4-1}{2-1} \cdot \frac{3^3-1}{3-1}=\frac{16-1}{1} \cdot \frac{27-1}{2}=15 \cdot 13=195$$

問い────つぎの約数の和を求めよ。
　　　35　　28　　54　　63　　51　　105　　42　　30　　96　　**144**

$\sigma(n)$ は n 自身をふくんでいるが，$\sigma(n)$ から n を除いた
　　$\sigma(n)-n$
が n 自身と等しいような数を昔から完全数とよんでいる。
たとえば，6 や 28 がそうである。
　　$1+2+3=6$
　　$1+2+4+7+14=28$
　　…………

このような数が他にもあるかというと，つぎのようなものがある。
　　496　　　8128
などである。
　　$n=496=2^4\cdot 31$
　　$\sigma(496)=\dfrac{2^5-1}{2-1}\cdot\dfrac{31^2-1}{31-1}=31\cdot(31+1)=31\cdot 32=992$
　　$\sigma(496)-496=496$
また，
　　$n=8128=2^6\cdot 127$
であるから，
　　$\sigma(8128)=\dfrac{2^7-1}{2-1}\cdot(127+1)=(2^7-1)(128)$
　　　　　　$=127\cdot 128=16256$
　　$\sigma(8128)-8128=8128$

このようにして，496，8128 が完全数であることがわかる。どれだけの完全数があるかは，整数論における懸案のひとつであって，まだ未解決である。

Ⅳ―中学数学入門講座

Ⅴ——高校数学入門講座

●——よい記号が思考を容易にし，複雑で，普通の手段ではとうてい手に
負えないような問題をも解決可能にすることは，経験上よく知られている。
合同式の記号を発見したガウスは，この記号によって，凡人も天才と同じように
考えることができる，といった。記号の威力を軽視して，それを積極的に
利用しなかった数学教育はみな失敗している。——220ページ「中学・高校数学の発展のために」

●——オイレルの公式は指数関数と三角関数をつなぐ公式である。指数関数は
"連続複利法"のような幾何とはまるで無関係な世界のなかで生まれてきた。
三角関数はまさに幾何学のなかからである。この生まれどころがまるで
ちがった二つの関数が結びつけられたのだから，まさに驚きである。しかも，
この結びつきを可能にしたのは，iという虚数なのであるから，
その驚きは二重になるだろう。——196ページ「指数関数」

●——図形を見ながら推論すると，まだ証明されていない公理や事実が
密輸入される危険がたぶんにある。論証というのは，気密室で行なわれないと，
意味がない。——227ページ「中学・高校数学の発展のために」

内積

●——量と数と文字

数の根底には量がある，というのが本質的には量の放逐をモットーにした藤沢利喜太郎の数え主義に対する批判になっていた。この立場からみると，量のあいだの関係が数のあいだの演算に反映されるわけである。だから，数の演算の規則を量の関係から引き出すことが正しい方法なのである。

そういう立場に立つと，外延量は加減に，内包量は乗除に対応することになる。この考え方はこれまでとは根本的にちがっている。これまでは加減乗除の四則は，すべて加法から発達したものとみなしていた。加法の逆として減法が，加法の繰り返しとして乗法が，乗法の逆としての除法がつぎつぎに定義されてきた。また，除法は減法の繰り返しとしても定義できるが，これは包含除である——図❶。

このような見方はこれまで不動のものとされてきたし，だれひとりとして疑う人もなかった。しかし，量の立場からみると，この考えは再検討の余地があるわけである。

つまり，加減と乗除とはいちおう別系統の演算であり，〝×整数〟のときにだけ加法の繰り返しとなるのだ，という見方にきりかえるのである。そうすることによってはじめて〝×分数〟〝×無理数〟……へと困難なく発展することができるのである。

このように量の体系を考えると，数の指導法に根本的な変更が加えられるようになる。

それでは文字はどうであろうか。これまでは，

　　　量──→数──→文字

という考えがあって，文字になると，もう，数との関連だけを考えればよいのであって，ここでは量にまで立ちかえる必要はない，という考えかたがあった。

しかし，やはり，それは早計であろう。文字の体系をつくるときも，もとになる量に立ちかえってみなければならない。量を無視すると，文字の体系に順序をつけることができなくなる。

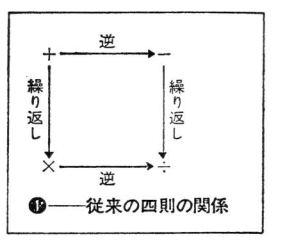

●──内積

量について，まずでてくるのは，

　　　内包量×外延量＝外延量

という形の形式である。これを文字で表わすと，

　　　$ab=c$

という形になる。この形を n 個加えたものが内積である。

　　　$a_1b_1+a_2b_2+\cdots\cdots+a_nb_n$

この形の式は不均等の分布をもつばあいの公式である。

たとえば，ある広い敷地を買収して，公共物を建てようとするとき，n 個の土地を買うことになったとする。そのとき，土地の単価は $a_1, a_2, \cdots\cdots, a_n$ で，その面積は $b_1, b_2, \cdots\cdots, b_n$ であるとする──図❷。そのとき，総額は，

$$a_1b_1+a_2b_2+\cdots\cdots+a_nb_n=\sum_{i=1}^{n}a_ib_i$$

となる。つまり，$(a_1, a_2, \cdots\cdots, a_n)$ と $(b_1, b_2, \cdots\cdots, b_n)$ との内積である。内積(inner product)というのは，グラースマン(1809-1877年)がはじめて与えたものである。

内積とともに外積という名前がつくられた。外積はある人びとがいうように，たんなる面積ではない。もっと広い意味をもっている。

内積は数学全体を貫く大きな柱のひとつである。たとえば，定積分も内

積の意味の拡張であるといってよい。
$$\sum_{i=1}^{n} f(a_i)(a_{i+1}-a_i)$$
がすでに"かけて，たす"内積であり，その極限をとったものである。
$$\int_a^b f(x)dx$$
つまり，この定積分は拡張された内積であるといってよい。つまり，定積分は，たんに"たす"のではなく，"かけて，たす"のである。このことは，スチルチェスの積分になると，もっとはっきりする。dx ではなく，$d\varphi(x)$ とすると，
$$\int_a^b f(x)d\varphi(x)$$
という積分になり，それがスチルチェスの積分である。これもまた内積の拡張されたものである。

●——線型代数と非線型代数

内積を主としてとり扱うのは線型代数である。"線型"というのは linear の訳であって，"直線的"という意味で，式にすると，1次式のことである。直線・平面……等のように，曲がっていないで，まっすぐという意味である。

図形的には直線・平面にかかわっているし，式では1次式だけを扱うのが線型代数である。ベクトル・行列・連立1次式等を主として研究の対象としている。したがって，x^n などはでてこないのが特徴である。

線型代数というのは，代数学のなかでひとつのまとまりをもっている部門である。

代数のなかで x^n などのようなものを扱う部門を，ここでは"非線型代数"とよぶことにしよう。これは公認された名前ではないが，使ってもそれほど悪いことはあるまい。

代数を教えるときには，線型と非線型に大別したほうがよいと思われる。ところが，これまでの教育ではこの区別がなされていなかったし，そのために不必要な混乱が起こっているようである。

ただし，ここで少し注意しておきたいことがある。それは2次式のことである。2次式はたしかに線型ではないが，その取り扱いは線型に準ず

るものとみてよい。
$$x_1{}^2+x_2{}^2+\cdots\cdots+x_n{}^2$$
という2次式は$(x_1, x_2, \cdots\cdots, x_n)$と$(x_1, x_2, \cdots\cdots, x_n)$との内積と考えてもよいからである。

また，2次式は，しばしば現実の世界に立ち現われるものである。2次式で表わされる関数はひじょうに多いのである。2次式で表わされるものはどうして多いのか。その理由は簡単ではないが，おそらくはピタゴラスの定理にもとづいていると思われる。タテ・ヨコ・高さがx, y, zであるとき，斜めの長さ s は，
$$s^2=x^2+y^2+z^2$$
という2次式で表わされるのである。

それにくらべると，3次式より以上はかなりちがっている。また，そのとり扱いは1次，2次とは根本的にちがう。3次以上は多くのばあい変数として現われてくるのである。だから，代数の学びはじめに，
$$a^m \cdot a^n = a^{m+n}$$
という指数法則をやっても，これは非線型代数にかかわりのあるものだから，意味はないのである。代数の初歩は線型代数を集中的に学んだほうが，体系の上からいってもよい。

線型代数は1次式の計算が中心になるが，そのとき，数字と文字との混合した
$$2x+3y-5z$$
という形の式よりは，文字だけの1次式をとり扱ったほうが，教育的にもすぐれているように思える。
$$ax+by+cz$$
数字より文字のほうがむずかしいとはかならずしも言えないし，文字だけの式のほうがかえって簡単であるとも考えられる。1次式どうしの加法と減法にしても，文字係数を先にやるほうがよいだろう。

1次方程式の文字係数のばあいを先にといて，あとで数字係数に移ったほうが，一般解法を先にやって見通しをつける意味でもすぐれている。
$$ax+b=0$$
から，
$$x=-\frac{b}{a}$$

を出してくることをはじめにやっておくのである。

●——添字の使用と行列

連立1次方程式で，やはり文字係数を先にやるとすると，添字を使うかどうかが問題であろうが，

$ax+by=e$
$cx+dy=f$

という表現よりは，

$a_{11}x_1+a_{12}x_2=b_1$
$a_{21}x_1+a_{22}x_2=b_2$

のほうがわかりやすいだろう。a, b, c, d では，どの係数かがすぐにはわかりにくいし，公式化することがむずかしい。$a_{11}, a_{12}, \ldots\ldots$ という添字を使うことは現在の中学校や高校では教えられていないが，教えることを禁止する理由は何もないはずである。

がんらい，添字を使うことをはじめたのは記号作りの名人であったライプニッツ(1646—1716年)であった。$\frac{dy}{dx}$ をはじめ，彼の作った記号は今日でもそのまま使われているものが多いが，添字もやはりそうである。

$a, b, c, \ldots\ldots$ という記号だとたくさんの文字がでてくるときには何番目であったか，すぐにはわからないし，記憶しにくいし，見通しもよくない。そこで，$a_1, a_2, \ldots\ldots, a_n, \ldots\ldots$ や $x_1, x_2, \ldots\ldots, x_n, \ldots\ldots$ のほうがその点でははるかにすぐれている。

こんど東海道新幹線ができて，超特急の「ひかり」号が誕生したが，それは「ひかり1号」「ひかり2号」……となって，添字方式になった。東京6時発下りが「ひかり1号」，新大阪6時発上りが「ひかり2号」，東京7時発下りが「ひかり3号」……というように番号がつけられている。同じ車体が時間だけちがえて走っているのだから，別の名前をつけるよりは，同じ「ひかり」という名前にして，時間の順に1号，2号，……と名づけたほうがずっとわかりやすいのである。これはもっとも便利なやり方である。ひとつひとつ名前をちがえたら，記憶するのにたいへんな労力が必要になっただろう。

同じ理由で，$x_1, x_2, \ldots\ldots$ という添字を中学から使いなれるようにしたいものである。こんなことをいうと，すぐ"発達段階"というコトバをも

ち出して反対する人がでてくると思うが，そんな理由はナンセンスである。「ひかり1号」「ひかり2号」……という名前の 便利さを 理解できる中学生なら，$x_1, x_2, \ldots, x_n, \ldots$ の意味はよくわかるだろう。$a_{11}, a_{12}, \ldots$ という行列の二重添字の意味も同じである。a_{ik} というのは i 行 k 列目ということで一目でよくわかる。だから，2元連立方程式も，

$$a_{11}x_1 + a_{12}x_2 = b_1$$
$$a_{21}x_1 + a_{22}x_2 = b_2$$

という形にしたほうがかえってわかりやすい。こうしておくと，3元，4元への見通しも容易になってくる。添字を導入すると，行列への道は近い。連立方程式の係数を抜き出して，四角の表をつくると，それが行列である。

$$\begin{bmatrix} a_{11} & a_{12} \\ a_{21} & a_{22} \end{bmatrix}$$

また，右辺の b_1, b_2 もそのままタテにならべると，

$$\begin{bmatrix} b_1 \\ b_2 \end{bmatrix}$$

という行列ができる。ここで x_1, x_2 もタテに書くことにすると，

$$\begin{bmatrix} x_1 \\ x_2 \end{bmatrix}$$

となる。ここで，

$$\begin{bmatrix} a_{11} & a_{12} \\ a_{21} & a_{22} \end{bmatrix} \quad \text{と} \quad \begin{bmatrix} x_1 \\ x_2 \end{bmatrix}$$

とから

$$\begin{bmatrix} b_1 \\ b_2 \end{bmatrix}$$

をつくり出すには，

$$[a_{11}, \ a_{12}] \quad \text{と} \quad \begin{bmatrix} x_1 \\ x_2 \end{bmatrix}$$

とから内積

$$a_{11}x_1 + a_{12}x_2$$

をつくり，同じく

$$[a_{21}, \ a_{22}] \quad \text{と} \quad \begin{bmatrix} x_1 \\ x_2 \end{bmatrix}$$

とから内積

$$a_{21}x_1 + a_{22}x_2$$

をつくればよいのである。左側の

$$\begin{bmatrix} a_{11} & a_{12} \\ a_{21} & a_{22} \end{bmatrix}$$

は $[a_{11}, a_{12}]$, $[a_{21}, a_{22}]$ とヨコに分解し,右側は

$$\begin{bmatrix} x_1 \\ x_2 \end{bmatrix}$$

とタテに分解して内積をつくるのである。このことを

$$\begin{bmatrix} a_{11} & a_{12} \\ a_{21} & a_{22} \end{bmatrix} \ \text{と} \ \begin{bmatrix} x_1 \\ x_2 \end{bmatrix}$$

とを"かけて",

$$\begin{bmatrix} b_1 \\ b_2 \end{bmatrix}$$

ができたといい,

$$\begin{bmatrix} a_{11} & a_{12} \\ a_{21} & a_{22} \end{bmatrix} \begin{bmatrix} x_1 \\ x_2 \end{bmatrix} = \begin{bmatrix} b_1 \\ b_2 \end{bmatrix}$$

で表わす。ここで"かける"というコトバを使ったのは,厳密に言えば,ひとつの約束であって,気に食わなかったら,使わなくてもよろしい。しかし,2元でなく1元のときは,

$$[a_{11}][x_1] = [b_1]$$

となり,このときはこれまで通りのかけ算になる。

$$a_{11} \cdot x_1 = b_1$$

だから,"かける"ということにしようという約束はそれほど無理なものではないということがわかる。同じように,一般の行列のかけ算を教えておくのもよいだろう。

$$\begin{bmatrix} a_{11} & a_{12} & \cdots & a_{1m} \\ a_{21} & a_{22} & \cdots & a_{2m} \\ \vdots & \vdots & & \vdots \\ a_{l1} & a_{l2} & \cdots & a_{lm} \end{bmatrix} \begin{bmatrix} b_{11} & b_{12} & \cdots & b_{1n} \\ b_{21} & b_{22} & \cdots & b_{2n} \\ \vdots & \vdots & & \vdots \\ b_{m1} & b_{m2} & \cdots & b_{mn} \end{bmatrix}$$

これも左側はヨコに分け,右側はタテに分けるという方式で内積をつくっていくだけである。

●──量と行列

演算のルールは量の法則から引き出すという原則を行列の加減乗除にも適用することにすると,次のようになる。そのためには,行列にも外延量と内包量の区別をしておくのである。

行列の加減は外延量の行列を使い,乗除は内包量を使うようにするとよ

い。

そのさい，適切な実例を考え出すにはどうしたらいいだろうか。現場で具体的な指導法をつくるにはどうしてもそれが必要になる。

まずはじめにこれまでの数や量は1行1列の特殊な行列であって，一般の行列は1行をm行に，1列をn列に拡張したものである，ということを念頭におくことである。

$$[a_{11}] = a$$

そのとき，たとえば，"リンゴがいくつかある"というときは答えはaで，1行1列になる。しかし，ここで，"どこに？"(where)，"いつ？"(when)……などの条件を考えると，行列にすることができる。リンゴのはいっている皿がn個あって，そのおのおのに$a_1, a_2, ……, a_n$ずつはいっていたら，

$$[a_1, a_2, ……, a_n]$$

という1行のベクトルができるし，さらに，リンゴの種類"紅玉""インド""デリシャス""雪の下"……などのm個の種類を考えると，n行m列の行列ができる。

$$\begin{bmatrix} a_{11} & a_{12} & \cdots & a_{1n} \\ a_{21} & a_{22} & \cdots & a_{2n} \\ \vdots & \vdots & \cdots & \vdots \\ a_{m1} & a_{m2} & \cdots & a_{mn} \end{bmatrix}$$

要するに，いろいろの条件をつけて，そのちがいを考えると数が行列に拡張される。

行列と行列式

●──数学教育の固定観念

これまでの数学教育には，ひとつのガンコな固定観念が支配していた。それは，

　　　　"行列式はやさしく，行列はむずかしい"

というのである。
Thomas Muir という人の "*A Treatise on the Theory of Determinants*" という本は行列式に関するもろもろの研究成果を集めたスタンダードな本であるが，この本には 行列(matrix) というコトバは 一か所しか でてこない。それはまさに行列なしの行列式のことを書いた代表的な本であったといえる。

私などもこの固定観念に支配されていた時代の教育を受けたので，旧制高校では行列式は教わったが，行列については何も教わらなかった。行列を教わったのは大学にはいってからである。

行列のことを教わってみると，行列というものはたいへんやさしく，行列式というものは計算がたいへんやっかいであることがわかった。事実は古い固定観念とは逆で，

　　　　"行列はやさしく，行列式はむずかしい"

ということである。

では，なぜそのような固定観念が長いあいだ支配していたのであろうか。その理由はおそらく次のようなものであったろう。

まず，歴史的にみて，行列式のほうがはるかに古く，行列は新しい，と

いうことである。数学史をみればよくわかるが，行列式はライプニッツ(1646—1716年)と日本の関孝和(1642 ? —1708年)によってほとんど同時に発見されており，すでに 300 年ぐらいの歴史をもっている。これに反して，行列はケーリー(1821—1895年)がはじめて，この考えをもち出してから 100 年そこそこにしかならない。 300 年と 100 年とのちがいが古い固定観念をつくり出す原因になっていることは，十分に考えられることである。しかし，それだけではなさそうである。おくれて発見されたとはいっても，行列はすでに 100 年の歴史をもっているのだから，そのあいだに古い固定観念が打ち破られる機会はいくらでもあったはずである。だから，この固定観念が長く支配していたことには，もっと別の原因が働いていてもよさそうである。

まず考えられるのは，行列というものを考える困難性である。行列はひとつの数ではない。数の組である。四角にならべた数の組である。

$$\begin{bmatrix} a_{11} & a_{12} & \cdots\cdots & a_{1n} \\ a_{21} & a_{22} & \cdots\cdots & a_{2n} \\ \vdots & \vdots & & \vdots \\ a_{m1} & a_{m2} & \cdots\cdots & a_{mn} \end{bmatrix}$$

このような数の組を一塊のものにして，それを A というひとつの文字で表わすことがむかしの人にはたいへんむずかしかったのだと考えられる。つまり，雑多なものをひとまとめにしてカンヅメにすること，あるいはフロシキに包むことのむずかしさである。

もちろん，連立 1 次方程式というものは，遠い昔からあったし，したがって，その係数というものは当然，考えられていた。しかし，その係数をひとつの組として，それをあるひとつの文字で表わすことは長い間だれもやらなかった。つまり，カンヅメにすることには気付かなかったのである。このことに気付きさえすれば，行列という考えはすぐに出てくるのである。だから，その後ではたいへんやさしいものなのである。

このことを教育の立場に立ってながめると，結論は自然に出てくる。四角にならべた数の組をカンヅメにして，それをひとつの文字で表わすことを理解させたら，そのあとは行列のほうがやさしく，行列式はその後で教えるほうがよいということになる。

$$A = \begin{bmatrix} a_{11} & a_{12} & \cdots\cdots & a_{1n} \\ a_{21} & a_{22} & \cdots\cdots & a_{2n} \\ \vdots & \vdots & & \vdots \\ a_{m1} & a_{m2} & \cdots\cdots & a_{mn} \end{bmatrix}$$

行列——1行もしくは1列のときにはベクトルになる——は四角にならべた数，もしくは文字の集まりであるが，しかし，それは偶然に，ただかき集められた烏合の衆のようなものではなく，ひとつに集められるだけの強い理由があって集められたものである。

このことを説明しないで，ただはじめから四角にならべた数，もしくは文字の集まりと定義しただけでは，聞く生徒の側では何のためにそんなものを考えるのか不思議に思うし，そのことが学習意欲を弱める。その理由は後でわかるから，おとなしくついてこい，というのでは正しい教えかたではない。どうしても，その意味づけが必要になる。

❸——矢線と多次元量

行列やベクトルの意味を教えるのに，大別すると，二つの方法がある。それは，矢線か多次元の量かということである。

古典的な意味では，ベクトルというのは幾何学的な矢線であった。もしくは方向をもった量であるといってもよい。それは主として方向のない量，つまり，スカラー(scalar)量と区別して用いられたのである。方向というのは，もちろん，空間のなかに矢線を置いてはじめて生まれてくるものである。

もっとも，普通の数もプラス・マイナスの符号をもっているのだから，これも方向がぜんぜんないとはいえないわけである。たしかに矢線を導入すると，いちおうわかりやすく見える。目に見えるからである——図❹。しかし，とっつきやすいという点が後では困ったことになる。その難点をあげてみると，次のようになる。

①——4次元以上のベクトルは考えられなくなる。
人間の直観が利くのは3次元までであって，4次元になると，手に負えなくなる。だから，矢線という直観的な方法で導入すると，3次元の壁につき当たって先に進めなくなってくる。

②——力にしろ運動量にしろ，それは純粋な数ではなく，ディメンジョンをもった量である。これを矢線で表わすには，比例の原理によって，それを長さに翻訳する必要がある。そこにひとつの困難がある。

③——座標軸のえらび方によって，成分がその都度，変わってくる。成

分の分解という点がけっしてやさしくないのである。

このような理由で，幾何学的な矢線には困難があり，発展性もないのである。このような点で，ベクトルを多次元の量という観点から見直す必要がおこってきたのである。
われわれはひとつの物体をいろいろの側面からながめる。ここにひとつのコップがあるとする。これを A とする。この A を重さの点でみると，a_1 グラム，容積の点でみると，$a_2\,\mathrm{cm}^3$，表面積では $a_3\,\mathrm{cm}^2$，深さは $a_4\,\mathrm{cm}$，……であるとしたら，a_1, a_2, a_3, a_4 は多次元の量という。

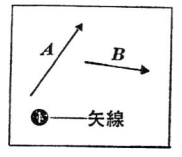

$$A \longrightarrow \begin{bmatrix} a_1 \\ a_2 \\ a_3 \\ a_4 \end{bmatrix}$$

それはいくつかの量の組み合わせであるし，その組み合わせの基礎となるのは A というひとつの物体なのである。さらに，この四つの量を3回測定したときの測定値を表に書くと，4行3列の行列ができる。

	1回	2回	3回
重さ	a_{11}	a_{12}	a_{13}
容積	a_{21}	a_{22}	a_{23}
面積	a_{31}	a_{32}	a_{33}
深さ	a_{41}	a_{42}	a_{43}

このように，ベクトルをならべたものが行列になると考えてよい。
このような四角な表はいくらでもあるので，実例にこと欠くことはない。そして，多次元の量として導入しておくと，幾何学にも物理学にも発展できるし，さらに社会科学的な方向にも滑らかに進んでいくことができる。
このように考えると，矢線と多次元的量とのあいだの優劣はおのずから明らかであろう。

●──1次変換

もうひとつ言及しておかねばならないのは，行列を1次変換として導入することについてである。この方法は一部の数学者によって主張されているらしいが，導入としては適当ではない。ベクトルを幾何学的な矢線として導入し，1次変換として行列を導入することは，具体的なイメー

ジとしてはきわめてとらえにくい。

$$y_1 = a_{11}x_1 + a_{12}x_2 + \cdots + a_{1n}x_n$$
$$y_2 = a_{21}x_1 + a_{22}x_2 + \cdots + a_{2n}x_n$$
$$\cdots\cdots\cdots\cdots$$
$$y_m = a_{m1}x_1 + a_{m2}x_2 + \cdots + a_{mn}x_n$$

という1次変換の係数 a_{ik} の意味を変換そのものから引き出すことはけっして簡単ではない。$x_1, x_2, \cdots, x_n$ も $y_1, y_2, \cdots, y_m$ も長さの単位であるとすると、その係数は $\sin \alpha$ や $\cos \alpha$ のような純粋な数になり、幾何学的意味づけはむずかしい。つまり、これは率に当たるのである。これも多次元の量ほど直接的ではなく、とらえにくい。

行列やベクトルを多次元の量から導入するとすれば、これまでの量はもちろん1次元の量である。

ここに"1から多"へ、"多から1"への移り変わりについてよく理解させておく必要がある。ここに一団の人びとがいたとき、おのおのの人のちがいをすべて無視してしまうと、それらの人数が、たとえば、12人というようにでてくる。その12人の人は区別を無視して等質のものとみなされている。ところが、その人びとのあいだに性別を考えに入れて、たとえば、男7人、女5人となると、これは二つの分離量の組となる。

$$12 \longrightarrow \begin{bmatrix} 7 \\ 5 \end{bmatrix}$$

逆に、男7人、女5人の集団で性別を無視すると、12人となる。これは1次元の量である。

要するに、1次元の量は粗い見方であり、多次元の量はより精しい見方からでてくるといってよいだろう。そのように考えると、これまでの量の体系がほとんどそのまま多次元の量の世界に拡張することができるようになるだろう。

● ——行列式の定義のしかた

古いやり方では行列式の定義からしてわかりにくかった。どうしてあのように関数を定義するのか、その意味がはっきりわからなかった。

行列式は、やはり面積・体積からはいっていくのがいちばんわかりよいと思う。

まず，多次元の量として行列やベクトルを定義しておき，それをいちど幾何学的な矢線と結びつけておく——図❷。

そのつぎに二つのベクトルを辺とする平行四辺形の面積を計算してみよう。

$$A_1 = \begin{bmatrix} a_{11} \\ a_{21} \end{bmatrix} \quad A_2 = \begin{bmatrix} a_{12} \\ a_{22} \end{bmatrix}$$

その面積を，

$$|A_1, A_2|$$

という記号で表わすことにする。これは，A_1 と A_2 の関数であるが，この関数はどのような性質をもっているだろうか。まず，そのことをつきとめてみよう。

まず，

$$|A_1 + A_1', A_2| = |A_1, A_2| + |A_1', A_2|$$

という性質をもっている。図❸でみると，$|A_1, A_2|$ と $|A_1', A_2|$ は $|A_1 + A_1', A_2|$ と等しいことがわかる。

しかし，ここで注意すべき点は，A_2 に対して A_1 も A_1' も右方にむいていることである。もし A_1' が左のほうにむいていたら，そのままたし算にはならない。そのとき，$|A_1', A_2|$ はひくべきである。

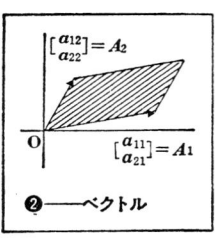

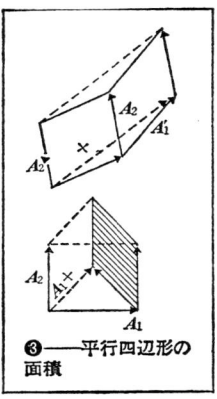

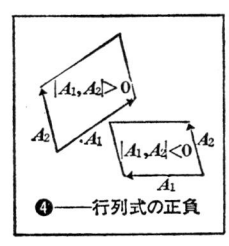

そこで，$|A_1', A_2|$ はマイナスにとることにすると，プラス・マイナスの符号がうまく適合して，

$$|A_1 + A_1', A_2| = |A_1, A_2| + |A_1', A_2|$$

という公式は，形式的にはそのまま成立する。

つまり，$|A_1, A_2|$ は，A_2 の方向に向かって A_1 が右のほうにむいていたらプラス，左のほうにむいていたらマイナス，と約束するのである——図❹。

1次元の線分にプラス・マイナスの符号を考えているのだから，面積にもプラス・マイナスを考えてもいっこうにふしぎではない。この定義に

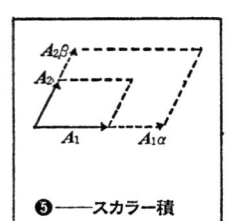

よると，
$$|A_2, A_1| = -|A_1, A_2|$$
となる。したがって，
$$|A_1, A_2+A_2'| = |A_1, A_2| + |A_1, A_2'|$$
次に A_1, A_2 に α, β というスカラーをかけて，同じ方向に伸縮したとき，面積はどうなるかを考えてみよう。

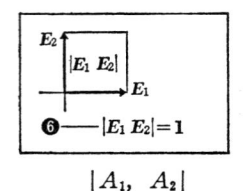

図形からみると——図❺，
$$|A_1\alpha, A_2\beta| = \alpha\beta|A_1, A_2|$$
ということが明らかである。したがって，
$$|A_1, A_2|$$
は，
$$A_1 \times A_2$$
とよく似ている。つまり，分配法則が成り立つのである。

そして，
$$|A_1, A_1| = 0$$
となることは面積が0となるから明らかである。

ここで，
$$\begin{bmatrix} 1 \\ 0 \end{bmatrix} = E_1 \quad \begin{bmatrix} 0 \\ 1 \end{bmatrix} = E_2$$
とおくと，
$$A_1 = \begin{bmatrix} a_{11} \\ a_{21} \end{bmatrix} = \begin{bmatrix} 1 \\ 0 \end{bmatrix} a_{11} + \begin{bmatrix} 0 \\ 1 \end{bmatrix} a_{21} = E_1 a_{11} + E_2 a_{21}$$
$$A_2 = \begin{bmatrix} a_{12} \\ a_{22} \end{bmatrix} = \begin{bmatrix} 1 \\ 0 \end{bmatrix} a_{12} + \begin{bmatrix} 0 \\ 1 \end{bmatrix} a_{22} = E_1 a_{12} + E_2 a_{22}$$
$$|A_1, A_2| = |E_1 a_{11} + E_2 a_{21}, E_1 a_{12} + E_2 a_{22}|$$
これを分配法則によって展開すると，
$$= \underbrace{|E_1, E_1|}_{0} a_{11}a_{12} + |E_1, E_2|a_{11}a_{22} + |E_2, E_1|a_{21}a_{12} + \underbrace{|E_2, E_2|}_{0} a_{21}a_{22}$$
$$= |E_1, E_2|a_{11}a_{22} - |E_1, E_2|a_{21}a_{12}$$
$$= |E_1, E_2|(a_{11}a_{22} - a_{21}a_{12})$$
ここで，$|E_1, E_2|$ は1であるから——図❻，
$$= (a_{11}a_{22} - a_{21}a_{12})$$

これが最終的な結果である。これを，
$$\begin{vmatrix} a_{11} & a_{12} \\ a_{21} & a_{22} \end{vmatrix}$$
と書き，行列
$$\begin{bmatrix} a_{11} & a_{12} \\ a_{21} & a_{22} \end{bmatrix}$$
の行列式であるという。

3次元の行列式

●──3次元の行列式と平行六面体

2次元の行列式が二つのベクトルを辺とする平行四辺形の面積を意味するとしたら,3次元のベクトルは三つのベクトルを辺とする平行六面体の体積を意味する。

図❶のように,A,B,Cという三つのベクトルを辺とする平行六面体があり,その体積を $|A, B, C|$ で表わす。ここで A,B,C の成分はそれぞれつぎのようなものであるとする。

$$A = \begin{bmatrix} a_{11} \\ a_{21} \\ a_{31} \end{bmatrix} \quad B = \begin{bmatrix} a_{12} \\ a_{22} \\ a_{32} \end{bmatrix} \quad C = \begin{bmatrix} a_{13} \\ a_{23} \\ a_{33} \end{bmatrix}$$

ここで,添字のうしろの数字はベクトルの番号,前の添字は座標の番号であるとする。つまり,a_{ik} は k 番目のベクトルの i 番目の成分である。ここで,$|A, B, C|$ をつぎのように書く

$$|A, B, C| = \begin{vmatrix} a_{11} & a_{12} & a_{13} \\ a_{21} & a_{22} & a_{23} \\ a_{31} & a_{32} & a_{33} \end{vmatrix}$$

そこで,$|A, B, C|$ がどのような法則をもっているかをしらべてみよう。まず,二つのベクトルをそのままにして,ひとつのベクトルだけを α 倍すると,$|A, B, C|$ は全体として α 倍されることは明らかであろう。

$$|\alpha A, B, C| = \alpha |A, B, C|$$
$$|A, \alpha B, C| = \alpha |A, B, C|$$
$$|A, B, \alpha C| = \alpha |A, B, C|$$

ここで，α がマイナスのときは，もちろん全体として符号が変わるから，2次元の面積と同じように体積にもプラスとマイナスを考えなければならなくなる。

つぎに，ひとつのベクトルを加えたらどうなるだろうか。図を書いてみると，図❷のようになる。C のかわりに $C+C'$ をとると，$|A, B, C|$ の上に $|A, B, C'|$ が重なった形になるが，カバリエリの原理で，これは $|A, B, C+C'|$ に等しくなる。

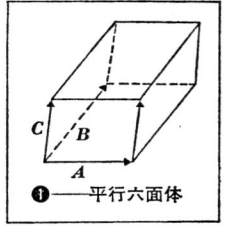

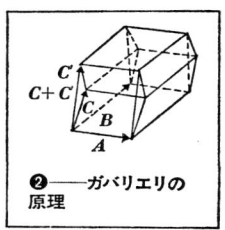

ここでも面積のときと同じく，体積のプラスとマイナスが関係してくる。たし算になるのは A, B を辺とする平行四辺形に対して，C, C' という二つのベクトルの方向が同じ側に向かっているときであり，それらが反対の側に向かっているときは差になる。

だから，
$$|A, B, C+C'| = |A, B, C| + |A, B, C'|$$

という式が，双方のばあいに形式的に同じ形で成立するには，C が A, B を辺とする平行四辺形に対して，反対の方向に向かっているときには符号が反対になるようにはじめから約束しておけばよいわけである。どちらをプラス，どちらをマイナスにするかは自由であるが，習慣上，A, B, C がそれぞれ x 軸，y 軸，z 軸に一致したときにプラスになるように定めたほうが便利である。そのときは，

$$A = \begin{bmatrix} 1 \\ 0 \\ 0 \end{bmatrix} \quad B = \begin{bmatrix} 0 \\ 1 \\ 0 \end{bmatrix} \quad C = \begin{bmatrix} 0 \\ 0 \\ 1 \end{bmatrix}$$

になるから，結局，

$$|A, B, C| = \begin{vmatrix} 1 & 0 & 0 \\ 0 & 1 & 0 \\ 0 & 0 & 1 \end{vmatrix} = +1$$

と定めたことになる。

つぎに A, B, C のなかに等しいベクトルがあったら，0 になる。
$$|A, A, C| = 0$$
また，

$$|B, \ A, \ C| = -|A, \ B, \ C|$$

のように，二つのベクトルの順序を入れかえると，符号が変わる。

これだけの法則を使って $|A, \ B, \ C|$ の具体的な形を求めてみよう。そのために，

$$e_1 = \begin{bmatrix} 1 \\ 0 \\ 0 \end{bmatrix} \quad e_2 = \begin{bmatrix} 0 \\ 1 \\ 0 \end{bmatrix} \quad e_3 = \begin{bmatrix} 0 \\ 0 \\ 1 \end{bmatrix}$$

という特殊なベクトルを考える。

$$A = \begin{bmatrix} a_{11} \\ a_{21} \\ a_{31} \end{bmatrix} = \begin{bmatrix} a_{11} \\ 0 \\ 0 \end{bmatrix} + \begin{bmatrix} 0 \\ a_{21} \\ 0 \end{bmatrix} + \begin{bmatrix} 0 \\ 0 \\ a_{31} \end{bmatrix} = \begin{bmatrix} 1 \\ 0 \\ 0 \end{bmatrix} a_{11} + \begin{bmatrix} 0 \\ 1 \\ 0 \end{bmatrix} a_{21} + \begin{bmatrix} 0 \\ 0 \\ 1 \end{bmatrix} a_{31}$$
$$= e_1 a_{11} + e_2 a_{21} + e_3 a_{31}$$

同じく，つぎのようになる。

$$B = \begin{bmatrix} a_{12} \\ a_{22} \\ a_{32} \end{bmatrix} = e_1 a_{12} + e_2 a_{22} + e_3 a_{32}$$

$$C = \begin{bmatrix} a_{13} \\ a_{23} \\ a_{33} \end{bmatrix} = e_1 a_{13} + e_2 a_{23} + e_3 a_{33}$$

これを代入すると，

$$|A, \ B, \ C| = |e_1 a_{11} + e_2 a_{21} + e_3 a_{31}, \ e_1 a_{12} + e_2 a_{22} + e_3 a_{32},$$
$$e_1 a_{13} + e_2 a_{23} + e_3 a_{33}|$$

となる。ここで右辺の式を展開するのであるが，分配法則が成り立つので，その点は普通の計算と同じにやってよい。

しかし，同じベクトルがでてくる項は0になるから，そのようなものをはじめから消していくと，

$$= |e_1, \ e_2, \ e_3| a_{11} a_{22} a_{33} + |e_1, \ e_3, \ e_2| a_{11} a_{32} a_{23}$$
$$+ |e_3, \ e_1, \ e_2| a_{31} a_{12} a_{23} + |e_3, \ e_2, \ e_1| a_{31} a_{22} a_{13}$$
$$+ |e_2, \ e_1, \ e_3| a_{21} a_{12} a_{33} + |e_2, \ e_3, \ e_1| a_{21} a_{32} a_{13}$$

つまり，$|e_i, \ e_j, \ e_k|$ の形で，$i, \ j, \ k$ は1，2，3の入れかえた値をとるわけである。だから，項の数は3！だけである。

ここで，$|e_i, \ e_j, \ e_k|$ を適当な入れかえて $|e_1, \ e_2, \ e_3|$ という形にもってくるようにする。

ところで，となりどうしを一回入れかえると，(-1) がかかる。たとえば，

$$|e_1,\ e_3,\ e_2| = -|e_1,\ e_2,\ e_3|$$

$$|e_3,\ e_1,\ e_2| = -|e_1,\ e_3,\ e_2|$$

$$= -(-|e_1,\ e_2,\ e_3|) = |e_1,\ e_2,\ e_3|$$

つまり，となりどうしの入れかえ――これを互換という――を奇数回して$|e_1,\ e_2,\ e_3|$になるものは－，偶数回で$|e_1,\ e_2,\ e_3|$になるものは＋の符号をとる。そのようにすると，つぎのような式が得られることになる。

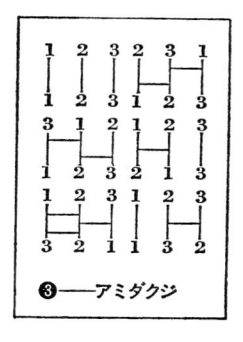

$$= |e_1,\ e_2,\ e_3|(a_{11}a_{22}a_{33} + a_{21}a_{32}a_{13} + a_{31}a_{12}a_{23}$$
$$- a_{21}a_{12}a_{33} - a_{31}a_{22}a_{13} - a_{11}a_{32}a_{23})$$

ここで，$|e_1,\ e_2,\ e_3| = +1$ であるから，

$$= a_{11}a_{22}a_{33} + a_{21}a_{32}a_{13} + a_{31}a_{12}a_{23} - a_{21}a_{12}a_{33} - a_{31}a_{22}a_{13} - a_{11}a_{32}a_{23}$$

結局，これが体積である。この式を行列式(determinant)というのである。

$$\begin{vmatrix} a_{11} & a_{12} & a_{13} \\ a_{21} & a_{22} & a_{23} \\ a_{31} & a_{32} & a_{33} \end{vmatrix} = a_{11}a_{22}a_{33} + a_{21}a_{32}a_{13} + a_{31}a_{12}a_{23} - a_{21}a_{12}a_{33}$$
$$- a_{31}a_{22}a_{13} - a_{11}a_{32}a_{23}$$

❸――アミダクジ

3次元の行列式を書くのには $3! = 6$ だけ aaa を書きならべ，それに 1, 2, 3 の順序で後の添字を書いておく。

$$a_1a_2a_3 \qquad a_1a_2a_3 \qquad a_1a_2a_3$$
$$a_1a_2a_3 \qquad a_1a_2a_3 \qquad a_1a_2a_3$$

そして，つぎに 1, 2, 3 のあらゆる順列をつくって，それを前の添字として書き入れる。

$$(1,\ 2,\ 3) \qquad (2,\ 3,\ 1) \qquad (3,\ 1,\ 2)$$
$$(2,\ 1,\ 3) \qquad (3,\ 2,\ 1) \qquad (1,\ 3,\ 2)$$

それを書き入れると，

$$a_{11}a_{22}a_{33} \qquad a_{21}a_{32}a_{13} \qquad a_{31}a_{12}a_{23}$$
$$a_{21}a_{12}a_{33} \qquad a_{31}a_{22}a_{13} \qquad a_{11}a_{32}a_{23}$$

つぎに符号を定めなければならないが，これはアミダクジのやり方を使うとよい――図❸。横の橋はひとつの互換に相当するから，橋の数を数えて偶数であったらプラス，奇数であったらマイナスの符号をつける。そうして最終的につぎの形になる。

$$+a_{11}a_{22}a_{33}+a_{21}a_{32}a_{13}+a_{31}a_{12}a_{23}$$
$$-a_{21}a_{12}a_{33}-a_{31}a_{22}a_{13}-a_{11}a_{32}a_{23}$$

これで3次元の行列式のつくり方はよくわかったと思う。

●――行列式の外積

行列式をつくる途中の過程を考えてみよう。$|A, B, C|$ という体積をつくるとき，

$$A = e_1 a_{11} + e_2 a_{21} + e_3 a_{31}$$
$$B = e_1 a_{12} + e_2 a_{22} + e_3 a_{32}$$
$$C = e_1 a_{13} + e_2 a_{23} + e_3 a_{33}$$

という式を代入するのであるが，そのとき，分配法則によって，

$$(e_1 a_{11} + e_2 a_{21} + e_3 a_{31})(e_1 a_{12} + e_2 a_{22} + e_3 a_{32})(e_1 a_{13} + e_2 a_{23} + e_3 a_{33})$$

を普通の式のように展開するのであるから，前の二つの式をまず展開して，第3の式とかけ合わせてもよいわけである。

$$(e_1 a_{11} + e_2 a_{21} + e_3 a_{31}) \cdot (e_1 a_{12} + e_2 a_{22} + e_3 a_{32})$$

ここで，やはり，同じ e がでてくるのは除いておくと，

$$|e_1, e_2| a_{11} a_{22} + |e_2, e_1| a_{21} a_{12}$$
$$+ |e_2, e_3| a_{21} a_{32} + |e_3, e_2| a_{31} a_{22}$$
$$+ |e_3, e_1| a_{31} a_{12} + |e_1, e_3| a_{11} a_{32}$$

ここで順序の入れかえをすると，符号がかわるものとする。

$$= |e_1, e_2|(a_{11} a_{22} - a_{21} a_{12}) + |e_2, e_3|(a_{21} a_{32} - a_{31} a_{22})$$
$$+ |e_3, e_1|(a_{31} a_{12} - a_{11} a_{32})$$

ここで，三つの係数はどのような意味をもっているだろうか。これは A，B という二つのベクトルの (x_1, x_2) 平面，(x_2, x_3) 平面，(x_3, x_1) 平面への投影である――図❹。

このようにすると，A と B の積を考えることができる。このような積を A と B の外積といい，

$$A \vee B$$

で表わすことにする。だから，$|A, B, C|$ は，

$$A \vee B \vee C$$

と書いてもよいわけである。このような積は結合法則を満足するものとする。

$$(A\vee B)\vee C = A\vee(B\vee C)$$

しかし，同じベクトルの外積は0である．

$$A\vee A = 0$$

また，順序をかえると，符号が変わる．

$$A\vee B = -B\vee A$$

そして，分配法則を満足する．

$$A\vee(B+B') = A\vee B + A\vee B'$$

そして，スカラー乗法に対しては，つぎのようになる．

$$(\alpha A)\vee B = \alpha(A\vee B)$$
$$A\vee(\alpha B) = \alpha(A\vee B)$$

このような条件を用いて計算すると，以上と同じようにできるのである．外積の計算は普通の乗法とほとんど同じであるが，ただ，

$$A\vee A = 0 \quad\text{——べき零性}$$
$$A\vee B = -B\vee A \quad\text{——逆可換性}$$

という点だけがちがっている．$A\vee B$ という記号は，A, B という二つのベクトルによってつくられる平行四辺形を決定しているわけである．だから，AとBをふくむ平面を決定しているとみてもよいだろう．そういう意味ではAとBの結び(join)であると考えてもよい．だから，$A \cup B$と書いてもよいのである．

●——1 次独立と 1 次従属

三つのベクトル A, B, C のあいだにある，すべては 0 にならない α, β, γ に対して，

$$\alpha A + \beta B + \gamma C = O$$

が成り立つとき，A, B, C は 1 次従属であるといい，1 次従属でないとき，1 次独立であるという．1 次従属ならば，かりに $\alpha \neq 0$ のとき，

$$A = -\frac{\beta}{\alpha}B - \frac{\gamma}{\alpha}C$$

となるから，

$$A\vee B\vee C = \left(-\frac{\beta}{\alpha}B - \frac{\gamma}{\alpha}C\right)\vee B\vee C$$

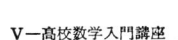

$$= -\frac{\beta}{\alpha} B \vee B \vee C - \frac{\gamma}{\alpha} C \vee B \vee C = 0$$

となる。

幾何学的にいうと，A が B と C を含む平面上にあるということであるから，体積の $|A, B, C|$ は 0 になるはずである。逆に，$A \vee B \vee C = |A, B, C|$ が 0 でなければ，A は B, C をふくむ平面の上にはないはずである。だから，つぎのことがいえる。

定理——A, B, C が 1 次従属であるための必要で十分な条件は，
$$A \vee B \vee C = 0$$
となることである。

これと同じことになるが，

定理——A, B, C が 1 次独立であるための必要で十分な条件は，
$$A \vee B \vee C \neq 0$$
となることである。

このようにして外積という新しい乗法を定義すると，1 次従属や 1 次独立の問題がいとも見通しよく処理することができる。

このような一見，奇妙な乗法を考え出したのは，ドイツの数学者・グラスマン(1809—1877年)であった。だから，彼の名を冠して"グラスマンの代数"とよぶこともある。

指数関数

❸——累加と累乗

つぎのように同じ数を何回か加えることを累加とよんでいる。

   2+2+2
   5+5+5+5
   …………

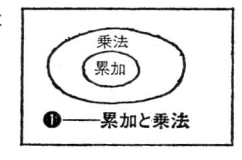

これはそれぞれ 2×3, 5×4, ……と書くことができる。つまり，1より大きい自然数をかけることは累加と考えてもよい。しかし，$\times1$, $\times0$ は，もう累加ではないし，$\times\frac{2}{3}$, $\times\frac{4}{5}$, ……などになると，もう累加ではなくなる。つまり，累加は乗法のごく一部であり，その特殊なケースにすぎないのである——図❶。

これまでの教育法では，特殊な累加を乗法とみなして，そこからより一般的な $\times\frac{2}{3}$, $\times\frac{4}{5}$, ……に進んでいくという順序がとられてきた。しかし，はじめに乗法を累加として教えてしまうと，それが固定観念となって，累加としての意味をもたない広義の乗法には，どうしてもうまく発展しなかった。むしろ，その困難が小学校の算数における最大の難所となっていた。

この困難をのりこえるために，乗法を累加としてではなく，はじめから一般的な"量×量"の抽象化として定義しておけば，そのような困難に出会わなくてすむ。そして，そのような方法は，今日ではその有効性を実証されたとみてもよいだろう。

同じことが累乗についてもいえないだろうか。a^k というのは，はじめはたしかに同じ数をかけ合わせることであった。

$$a^k = \underbrace{a \cdot a \cdot \cdots\cdots \cdot a}_{k}$$

ところが，累加のばあいと同じように，ここでも k が1になったり，0になったりするときの困難はともなう。すなわち，a^1 と a^0 は累乗のもとの定義から考えられないのである。これも ×1，×0 の困難と同じ性質のものである。

そこで，はじめから a^k において，将来，k が一般の実数に拡張されることを予想しておいて，拡張のさいに大きな障害がないようにくふうしておくことが望ましいのである。これは累加のばあいとまったく同じ発想法である。

●——指数関数

"量×量"から"実数×実数"の法則を引き出すのには，その背景には連続量の正比例があったし，とくに度の第2用法をえらんだ。

これと同じことを a^k にも実行しようとすると，a^x という指数関数の実例をもってくることが望ましい。そのときの x に当たるのは，目に見える連続量であることがとくに必要である。このとき，

$$f(x) = a^x$$

はあらゆる連続的な x に対してはじめから存在しているものとして，後からその値をどうして求めるかを考えるのである。つぎの問題は，

$$f(x) = a^x$$

のもっとも考えやすい実例をさがすことである。

そのために光の吸収の法則を利用するのがよいと思う。厚さが x の板の媒質があるものとする——図❷。左からはいって板を透かして右へ出ていくものとする。このとき，入射する点を $x=0$ とする。入射する光線の強さを I_0 とし，出てくる光の強さを I とする。

このとき，いわゆるランベルト・ベール(Lambert-Beer)の法則というのがある。それはつぎの形になる。

$$I = eI_0$$

ここで，

$$e = f(x)$$

とおく。

ところで，d をその物質の密度とする。ここで光の断面積を S とすると，dxS は光の通過する物質の質量であり，これは光を吸収する物質のの粒子の数に比例する量である。

さて，ここで，板は理想的なブラック・ボックスである。ここで比例のばあいと同じように帰一法の考えを使うと，$x=1$ とおく。このときの e の値を a とすると，図❸になる。この 1 の厚さの板を n 個重ねると――図❹，

$$\underbrace{a \cdot a \cdot \cdots\cdots \cdot a}_{n} I_0 = a^n I_0$$

となる。だから，$f(n) = a^n$ とおいてよい。だから，n が一般の負でない実数のときは，

$$f(x) = a^x$$

とおいてみよう。

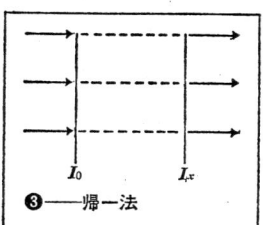

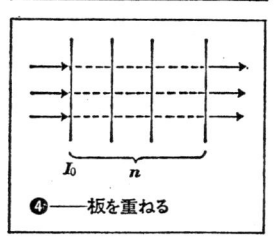

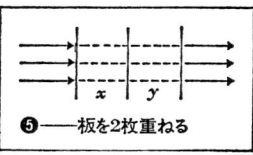

●――指数法則

一般に厚さ x，y の 2 枚の板を重ねたら，出てくる光の強さは，$a^x \cdot a^y I_0$ となる――図❺。これを 1 枚の板とみると，$x+y$ の厚さになるから，出てくる光の強さは，

$$a^{x+y} I_0$$

となる。だから，

$$a^{x+y} = a^x \cdot a^y$$

ここで，一般の負でない実数に対する指数法則が導き出される。この法則を使わなくても，$x=0$ のときは，厚さが 0 になるから，吸収はされないから，出てくる光の強さは I_0 で，

$$I_0 = a^0 I_0$$

となる。つまり，

$$a^0 = 1$$

である。また，$x = \frac{1}{2}$ のときは，

$$a^{\frac{1}{2}} \cdot a^{\frac{1}{2}} = a^{\frac{1}{2}+\frac{1}{2}} = a^1 = a$$

となる。つまり,

$$a^{\frac{1}{2}} = \sqrt{a}$$

である。つぎに,

$$a^{\frac{1}{m}+\frac{1}{m}+\cdots+\frac{1}{m}} = (a^{\frac{1}{m}})^m = a$$

から,

$$a^{\frac{1}{m}} = \sqrt[m]{a}$$

が得られる。

つぎに, 厚さ x が y 倍になると, xy になる——図❺。そうすると,

$$(a^x)^y = a^{xy}$$

が得られる。むずかしいのは,

$$(ab)^x = a^x b^x$$

である。

この法則を導き出すには, 固体よりは液体のほうがよいかもしれない。密度を調節すれば,

$$(ab)^x = a^x b^x$$

が出てこないこともない。この点では, なお研究の余地がある。

負のベキを定義するには, 光が左から右に伝わるものとみて, $x=0$ における強さを I_0, x だけ左のほうにある光の強さを I_{-x} とすると,

$$I_0 = a^x I_{-x}$$

となる——図❼。だから,

$$I_{-x} = \frac{1}{a^x} \cdot I_0$$

つまり, 左のほうの強さを a^{-x} で表わすと,

$$I_{-x} = a^{-x} I_0$$

とすると,

$$a^{-x} = \frac{1}{a^x}$$

となることがわかる。

このようなシェーマを考えると, はじめから実数のベキが考えられ, たいへん都合がよい。

このように, 実数のベキがかなり早期にはいるとしたら, 平方根・立方

根をはじめから $a^{\frac{1}{2}}$, $a^{\frac{1}{3}}$ と書き表わしたらどうか，という考えがでてくる。$\sqrt{a}$, $\sqrt[3]{a}$ は計算の規則がやっかいである。ところが，$a^{\frac{1}{2}}$, $a^{\frac{1}{3}}$ とかくと，その計算は単一の指数法則からすべてでてくる。

$$\sqrt{a}\sqrt{b} = a^{\frac{1}{2}}b^{\frac{1}{2}} = (ab)^{\frac{1}{2}}$$

もちろん，$\sqrt{a}$, $\sqrt[3]{a}$, …… をすべて追放するというわけではない。伝統的な書き方として残しておくだけにしたらよいと思う。それらは残しておいても，数学の本道としては，$a^{\frac{1}{2}}$, $a^{\frac{1}{3}}$, …… をもとにして，計算の規則はすべてこちらのほうで理解していくことにするのである。

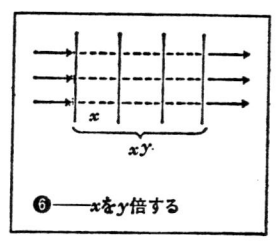

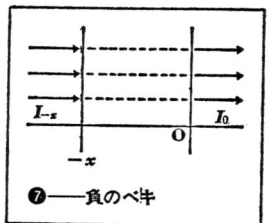

❻——— x を y 倍する

❼——— 負のべキ

●———オイレルの公式

指数関数をできるだけ早く導入するようになると，中高の教育内容にいろいろの改善が可能になってくる。

まず第1に，オイレルの公式を教えることである。オイレルの公式というのは初等数学から，より高級な数学にうつるさいの関門に当たるもので，ある意味ではもっとも驚異的な公式であるといってよい。

i を虚数の単位であるとすると，

$$e^{i\theta} = \cos\theta + i\sin\theta \quad \cdots\cdots①$$

というのがオイレルの公式である。そこで，θ を $-\theta$ にかえると，

$$e^{-i\theta} = \cos(-\theta) + i\sin(-\theta) = \cos\theta - i\sin\theta \cdots\cdots②$$

①と②を加えて2で割ると，

$$\cos\theta = \frac{e^{i\theta} + e^{-i\theta}}{2}$$

また，①から②を引いて $2i$ で割ると，

$$\sin\theta = \frac{e^{i\theta} - e^{-i\theta}}{2i}$$

になる。

要するに，オイレルの公式は指数関数と三角関数をつなぐ公式である。歴史的にいうと，e^x という指数関数は"連続複利法"のような，幾何とは

まるで無関係な世界のなかで生まれてきたものであるし,三角関数はまさに幾何学のなかから生まれてきたのである。
このように,まるで生まれどころのちがった二つの関数がオイレルの公式によって結びつけられることになったのである。これはまさに驚きである。この驚きを生徒たちに体験させることができたら,成功である。ことに,この結びつけを可能にしたのは i という虚数なのであるから,その驚きは二重になるだろう。
2次方程式にはじめて虚根がでてきたときは,それはひとつの異端者であり,望ましからぬものであった。しかし,オイレルの公式までくると,役割がまるで逆転して,虚数は好ましいものになってくる。この転換についてしっかりおさえておく必要がある。

●──連続複利法

e^x という関数をとらえるのには,むかしからいわれている連続複利法がもっとも適切であろうと思われる。
かりに年利が x の金を1円だけ借りたとしよう。そのとき,1年後の元利合計は,単利法では,

$$1+x$$

となる。もし半年後に利子の繰り入れを行なうとしたら,$1+\frac{x}{2}$ となる。後の半年は,この $1+\frac{x}{2}$ が元金となるのであるから,元利合計は,

$$\left(1+\frac{x}{2}\right)\left(1+\frac{x}{2}\right)=\left(1+\frac{x}{2}\right)^2$$

となる。これは実際に展開してみると,

$$=1+x+\frac{x^2}{4}$$

となって,単利法で計算した $1+x$ よりは $\frac{x^2}{4}$ だけふえている。
これに味をしめて,貸主が $\frac{1}{3}$ 年ごとに,年3回の利子の繰り入れを行なうとしたら,1年後の元利合計は,

$$\left(1+\frac{x}{3}\right)^3=1+x+\frac{x^2}{3}+\frac{x^3}{9}$$

となる。これは $\left(1+\frac{x}{2}\right)^2$ よりはふえている。そこで,利子の繰り入れを n 回にして,$\frac{1}{n}$ 年ごとにすると,

$$\left(1+\frac{x}{n}\right)^n$$

となる。これを展開すると，

$$= 1 + x + \binom{n}{2}\frac{x^2}{n^2} + \binom{n}{3}\frac{x^3}{n^3} + \cdots\cdots = 1 + x + \frac{n(n-1)}{2!} \cdot \frac{x^2}{n^2}$$

$$+ \frac{n(n-1)(n-2)}{3!} \cdot \frac{x^3}{n^3} + \cdots\cdots + \frac{n(n-1)\cdots\cdots(n-m+1)}{m!} \cdot \frac{x^m}{n^m} + \cdots\cdots$$

$$= 1 + x + \frac{1 \cdot \left(1-\frac{1}{n}\right)}{2!}x^2 + \frac{1 \cdot \left(1-\frac{1}{n}\right)\left(1-\frac{2}{n}\right)}{3!} \cdot x^3 + \cdots\cdots$$

$$+ \frac{1 \cdot \left(1-\frac{1}{n}\right)\cdots\cdots\left(1-\frac{m-1}{n}\right)}{m!}x^m + \cdots\cdots$$

この一般項は $x > 0$ のときは，

$$\frac{1 \cdot \left(1-\frac{1}{n}\right)\cdots\cdots\left(1-\frac{m-1}{n}\right)}{m!}x^m < \frac{x^m}{m!}$$

となる。そこで，$\frac{x^m}{m!}$ を一般項にもつ無限級数をつくると，つぎのような級数が得られる。

$$1 + \frac{x}{1!} + \frac{x^2}{2!} + \frac{x^3}{3!} + \cdots\cdots + \frac{x^m}{m!} + \cdots\cdots$$

その級数は x がどのように大きくても収束するのである。

$2x$ より大きな m をとり，r としよう。

$$2x < r$$

$r+1, r+2, \cdots\cdots$ については，つぎのようになる。

$$\frac{x^{r+1}}{(r+1)!} = \frac{x^r}{r!} \cdot \frac{x}{r+1} < \frac{x^r}{r!} \cdot \frac{1}{2}$$

$$\frac{x^{r+2}}{(r+2)!} = \frac{x^r}{r!} \cdot \frac{x}{r+1} \cdot \frac{x}{r+2} < \frac{x^r}{r!} \cdot \left(\frac{1}{2}\right)^2$$

$\cdots\cdots\cdots\cdots$

だから，

$$\frac{x^{r+1}}{(r+1)!} + \frac{x^{r+2}}{(r+2)!} + \cdots\cdots < \frac{x^r}{r!}\left(\frac{1}{2} + \frac{1}{2^2} + \cdots\cdots\right)$$

$$= \frac{x^r}{r!}$$

つまり，無限級数は，

$$1 + \frac{x}{1!} + \frac{x^2}{2!} + \cdots\cdots + \frac{x^r}{r!}$$

を越えることはない。ところが，各項は正であるから，収束することがわかる。

$$\left(1+\frac{x}{n}\right)^n$$

で，n をしだいに大きくしていくと，増加することははじめからわかっているが，あらゆる限界を越えて，増加するわけではないのである。

n をしだいに大きくしていくと，あらゆる瞬間に利子の繰り入れを行なうのである。そのことから，〝連続複利法〟と呼ばれてきた。

● ―― 連続複利法と e

それでは n を限りなく大きくしたら，

$$\left(1+\frac{x}{n}\right)^n$$

はどのような値に近よるだろうか。その答えが，

$$1+\frac{x}{1!}+\frac{x^2}{2!}+\frac{x^3}{3!}+\cdots\cdots+\frac{x^m}{m!}+\cdots\cdots$$

である。それを証明してみよう。前にのべたところから，

$$\left(1+\frac{x}{n}\right)^n < 1+\frac{x}{1!}+\frac{x^2}{2!}+\cdots\cdots+\frac{x^m}{m!}+\cdots\cdots$$

となることは明らかである。ところで，一般項は，

$$\binom{n}{m}\frac{x^m}{n^m}=\frac{1\cdot\left(1-\frac{1}{n}\right)\cdots\cdots\left(1-\frac{m-1}{n}\right)}{m!}x^m$$

となり，n をしだいに大きくすると，$\frac{x^m}{m!}$ に近づく。1 から m の項までとると，有限項の極限だから，

$$1+\frac{x}{1!}+\frac{x^2}{2!}+\cdots\cdots+\frac{x^m}{m!}$$

に近づくということは，任意の $\varSigma(>0)$ に対して，ある大きさ以上の n については，

$$1+\frac{x}{1!}+\frac{x^2}{2!}+\cdots\cdots+\frac{x^m}{m!}-\varSigma<\left(1+\frac{x}{n}\right)^n$$

が成り立つ。つまり，

$$1+\frac{x}{1!}+\frac{x^2}{2!}+\cdots\cdots+\frac{x^m}{m!}-\varSigma<\left(1+\frac{x}{n}\right)^n$$
$$<1+\frac{x}{1!}+\cdots\cdots+\frac{x^m}{m!}+\cdots\cdots$$

このことから，$\left(1+\dfrac{x}{n}\right)^n$ は，
$$1+\dfrac{x}{1!}+\dfrac{x^2}{2!}+\cdots\cdots+\dfrac{x^m}{m!}+\cdots\cdots$$
に近づくことがわかった。すなわち，
$$\lim_{n\to\infty}\left(1+\dfrac{x}{n}\right)^n=1+\dfrac{x}{1!}+\dfrac{x^2}{2!}+\cdots\cdots+\dfrac{x^n}{n!}+\cdots\cdots$$
ここで，$x=1$ とおくと，
$$\lim_{n\to\infty}\left(1+\dfrac{1}{n}\right)^n=1+\dfrac{1}{1!}+\dfrac{1}{2!}+\cdots\cdots+\dfrac{1}{n!}+\cdots\cdots=2.718\cdots\cdots$$
この数を e とおく。

●──ワイエルシュトラスの不等式と e

e という数は，円周率の π とならんで数学のなかでもっとも重要な定数のひとつである。その e について，2，3 の事実をのべておくことにしよう。

その準備として，つぎの不等式を証明しておく。これはワイエルシュトラスの不等式として知られているもので，帰納法でうまく証明できる。

定理── α_1, α_2, $\cdots\cdots$, α_n は 1 より小さい正数であるとする。このとき，つぎの不等式が成立する。ただし，$n\geqq 2$ とする。
$$(1+\alpha_1)(1+\alpha_2)\cdots\cdots(1+\alpha_n)>1+\alpha_1+\alpha_2+\cdots\cdots+\alpha_n$$
$$(1-\alpha_1)(1-\alpha_2)\cdots\cdots(1-\alpha_n)>1-\alpha_1-\alpha_2-\cdots\cdots-\alpha_n$$

上の不等式は展開するだけですぐ証明できる。"1 より小さい"という条件は不要である。2 番目のものは少し手がかかる。帰納法を使う。$n-1$ まで正しいとする。
$$(1-\alpha_1)\cdots\cdots(1-\alpha_{n-1})>1-\alpha_1-\alpha_2-\cdots\cdots-\alpha_{n-1}$$
ここで，両辺に $1-\alpha_n$ をかける。これは明らかに，
$$0<1-\alpha_n$$
であるから，不等号の向きは変わらない。
$$(1-\alpha_1)(1-\alpha_2)\cdots\cdots(1-\alpha_{n-1})(1-\alpha_n)$$
$$>(1-\alpha_1-\alpha_2-\cdots\cdots-\alpha_{n-1})(1-\alpha_n)$$
$$=1-\alpha_1-\alpha_2-\cdots\cdots-\alpha_{n-1}-\alpha_n+\alpha_n(\alpha_1+\alpha_2+\cdots\cdots+\alpha_{n-1})$$

$$> 1-\alpha_1-\alpha_2-\cdots\cdots-\alpha_{n-1}-\alpha_n$$

つまり，n についても証明された。$n=2$ のときは，
$$(1-\alpha_1)(1-\alpha_2)=1-\alpha_1-\alpha_2+\alpha_1\alpha_2 > 1-\alpha_1-\alpha_2$$
で，たしかに成立することがわかった。よって帰納法が完成した。

まず，$\left(1+\dfrac{1}{n}\right)^n$ と $\left(1+\dfrac{1}{n}\right)^{n+1}$ を考えてみよう。
$$a_n=\left(1+\frac{1}{n}\right)^n$$
とおいて，
$$\frac{a_{n-1}}{a_n}=\frac{\left(1+\dfrac{1}{n-1}\right)^{n-1}}{\left(1+\dfrac{1}{n}\right)^n}$$

$$=\frac{n^{2n-1}}{(n+1)^n(n-1)^{n-1}}$$

$$=\frac{1}{\left(1+\dfrac{1}{n}\right)^n\left(1-\dfrac{1}{n}\right)^{n-1}}$$

$$=\frac{\left(1-\dfrac{1}{n}\right)}{\left(1+\dfrac{1}{n}\right)^n\left(1-\dfrac{1}{n}\right)^n}$$

$$=\frac{\left(1-\dfrac{1}{n}\right)}{\left(1-\dfrac{1}{n^2}\right)^n}<\frac{1-\dfrac{1}{n}}{\left(1-\dfrac{1}{n}\right)}=1$$

つまり，
$$a_{n-1}<a_n$$
a_n は単調に増加する。つぎに，
$$b_n=\left(1+\frac{1}{n}\right)^{n+1}$$
とおくと，
$$\frac{b_n}{b_{n-1}}=\frac{\left(1+\dfrac{1}{n}\right)^{n+1}}{\left(1+\dfrac{1}{n-1}\right)^n}$$

$$=\left(1+\frac{1}{n}\right)^{n+1}\left(1-\frac{1}{n}\right)^n$$

$$= \left(1+\frac{1}{n}\right)\left(1-\frac{1}{n^2}\right)^n < \left(1+\frac{1}{n^2}\right)^n\left(1-\frac{1}{n^2}\right)^n$$
$$= \left(1-\frac{1}{n^4}\right)^n < 1$$

だから，
$$b_n < b_{n-1}$$

すなわち，b_n のほうはしだいに減少する。$a_n < b_n$ は明らかだから，
$$a_1 < a_2 < a_3 < \cdots\cdots < b_3 < b_2 < b_1$$
となり，
$$b_n - a_n = \left(1+\frac{1}{n}\right)^{n+1} - \left(1+\frac{1}{n}\right)^n = \frac{1}{n}\left(1+\frac{1}{n}\right)^n$$
もしだいに小さくなるから，e はこの数列にはさまれた値になる。
$$b_1 = \left(1+\frac{1}{1}\right)^{1+1} = 2^2 = 4 \qquad a_1 = (1+1)^1 = 2$$
e が 4 より小さいことも，2 より大きいこともわかる。
$$2 < e < 4$$

オイレルの公式

●――オイレルの公式の証明

三角関数は幾何学のなかから生まれたものであるし，指数関数は幾何学とは関係のない利子計算のなかから生まれてきた。このように，まるでちがった生い立ちをもっている二つの関数が，じつは密接なつながりをもっていることを発見したのがオイレルの公式である。

$$e^{i\theta} = \cos\theta + i\sin\theta \quad (i^2 = -1)$$

左辺は指数関数であるし，右辺は三角関数である。

この公式を知ることによって，指数関数と三角関数という二つの世界を一望のもとに見通すことができる。だから，複素数の四則を一通りすませたら，このオイレルの公式をやっておくことが望ましい。

つぎに高校で，このオイレルの公式を教えるためのプランを書いてみよう。そのために，まず $e^{i\theta}$ をつぎのように定義することからはじめよう。

$$e^{i\theta} = \lim_{n\to\infty}\left(1 + \frac{i\theta}{n}\right)^n$$

この定義のなかには複素数の四則と lim という演算しかはいっていない。この式をガウス平面の上で考えてみよう。$1 + \frac{i\theta}{n}$ は図❶のような点に当たる。これから，

$$\left(1 + \frac{i\theta}{n}\right)^n$$

を求めてみよう。そこで絶対値と偏角をべつべつに計算することにする。

❶——絶対値の計算

$$\left|\left(1+\frac{i\theta}{n}\right)^n\right| = \left|1+\frac{i\theta}{n}\right|^n = \left(1+\frac{\theta^2}{n^2}\right)^{\frac{n}{2}}$$

ここで，$n > \theta$ として，

$$\left(1+\frac{\theta^2}{n^2}\right)^n < \frac{1}{\left(1-\frac{\theta^2}{n^2}\right)^n}$$

一方で，

$$\left(1-\frac{\theta^2}{n^2}\right)^n > 1 - \frac{n\theta^2}{n^2} = 1 - \frac{\theta^2}{n}$$

となるから，

$$< \frac{1}{\left(1-\frac{\theta^2}{n}\right)}$$

すなわち，

$$1 < \left(1+\frac{\theta^2}{n^2}\right)^n < \frac{1}{1-\frac{\theta^2}{n}}$$

つまり，

$$1 < \left(1+\frac{\theta^2}{n^2}\right)^{\frac{n}{2}} < \frac{1}{\left(1-\frac{\theta^2}{n}\right)^{\frac{1}{2}}}$$

式にかくと，

$$\lim_{n\to\infty}\left(1+\frac{\theta^2}{n^2}\right)^{\frac{n}{2}} = 1$$

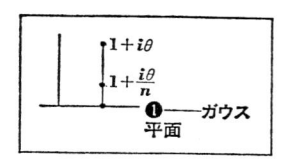

❷——偏角の計算

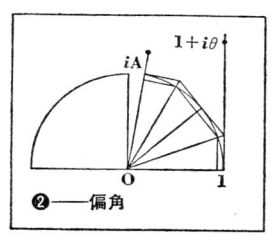

これを計算するには，図❷のような図を考えてみる。

$$\arg\left(1+\frac{i\theta}{n}\right)^n = n\arg\left(1+\frac{i\theta}{n}\right)$$

となるから，θ の長さの垂線を n 等分して，単位円の周囲にまきつけていくことになる。だから，1からAまでの弧の長さは θ より短い。

$$\overset{\frown}{1\,\mathrm{A}} < \theta$$

つぎに内接する多角形の辺は，

$$\frac{\theta}{\sqrt{1+\frac{\theta^2}{n^2}}}$$

になり，$\widehat{1\mathrm{A}}$ はそれより大きくなる。

$$\frac{\theta}{\sqrt{1+\frac{\theta^2}{n^2}}} < \widehat{1\mathrm{A}} < \theta$$

ここで n を限りなく大きくすると，$\widehat{1\mathrm{A}}$ は θ に近づくことがわかる。だから，

$$\left(1+\frac{i\theta}{n}\right)^n$$

は絶対値が1で，偏角が θ である複素数に限りなく近づく。そのような複素数はなにか？ それは，

$$\cos\theta + i\sin\theta$$

にほかならない。つまり，

$$\lim_{n\to\infty}\left(1+\frac{i\theta}{n}\right)^n = \cos\theta + i\sin\theta$$

となる。つまり，定義によって $e^{i\theta}$ である。こうして，オイレルの公式

$$e^{i\theta} = \cos\theta + i\sin\theta$$

が証明された。

● ── $\cos\theta$, $\sin\theta$ の展開

ここで，2項定理で展開すると，

$$\left(1+\frac{i\theta}{n}\right)^n = 1 + \binom{n}{1}\frac{(i\theta)}{(n)} + \binom{n}{2}\frac{(i\theta)^2}{(n)^2} + \cdots\cdots$$

$$= 1 + \frac{1}{1!}i\theta + \frac{\left(1-\frac{1}{n}\right)}{2!}(i\theta)^2 + \frac{\left(1-\frac{1}{n}\right)\left(1-\frac{2}{n}\right)}{3!}(i\theta)^3 + \cdots\cdots$$

となる。ここで，各項の絶対値をとると，つぎのようになる。

$$|i\theta| \qquad \frac{\left(1-\frac{1}{n}\right)}{2!}|i\theta|^2 \qquad \cdots\cdots$$

このおのおのは，

$$1 + \frac{1}{1!}|\theta| + \frac{1}{2!}|\theta|^2 + \cdots\cdots$$

の各項より小さい。この無限級数の和は有限である。だから，この数列は，

$$1 + \frac{i\theta}{1!} + \frac{(i\theta)^2}{2!} + \frac{(i\theta)^3}{3!} + \cdots\cdots + \frac{(i\theta)^n}{n!} + \cdots\cdots$$

に近よる。

$$\cos\theta + i\sin\theta = 1 + \frac{i\theta}{1!} + \frac{(i\theta)^2}{2!} + \cdots\cdots + \frac{(i\theta)^n}{n!} + \cdots\cdots$$
$$= \left(1 - \frac{\theta^2}{2!} + \frac{\theta^4}{4!} - \frac{\theta^6}{6!} + \cdots\cdots\right) + i\left(\frac{\theta}{1!} - \frac{\theta^3}{3!} + \frac{\theta^5}{5!} - \cdots\cdots\right)$$

ここで,実数と虚数を分けてみると,つぎのようになる。

$$\cos\theta = 1 - \frac{\theta^2}{2!} + \frac{\theta^4}{4!} - \frac{\theta^6}{6!} + \cdots\cdots$$
$$\sin\theta = \frac{\theta}{1!} - \frac{\theta^3}{3!} + \frac{\theta^5}{5!} - \frac{\theta^7}{7!} + \cdots\cdots$$

普通にいうと,$\cos\theta$,$\sin\theta$ の展開は Taylor の公式によるが,以上の方法によると,Taylor の公式を使わないで導き出せる。

ここでちょっと脱線することになるが,考えておきたいことがある。それは $\cos\theta$,$\sin\theta$ の展開は むかしの学校で教わったとおりに,Taylor 展開をやってからでなくては絶対にやれないと思い込んでしまうことである。しかし,数学という学問の展開の方法は,けっしてただ一つではない。くふうによってはいろいろの道があり得ることを忘れてはならない。

●――三角関数の公式

以上の証明では,α という垂線を単位円の周囲に巻きつけた先端の点が $e^{i\alpha}$ になる。そこで,

$$e^{i(\alpha+\beta)} = \lim_{n\to\infty}\left(1 + \frac{i(\alpha+\beta)}{n}\right)^n$$

であり,これは $\alpha+\beta$ を単位円のまわりにまきつけたものである。だから,偏角は $\alpha+\beta$ になる。それは $e^{i\alpha}e^{i\beta}$ である。

$$e^{i(\alpha+\beta)} = e^{i\alpha}e^{i\beta}$$

が得られる。オイレルの公式によって,

$$\cos(\alpha+\beta) + i\sin(\alpha+\beta) = (\cos\alpha + i\sin\alpha)(\cos\beta + i\sin\beta)$$

となる。右辺を展開すると,

$$= (\cos\alpha\cos\beta - \sin\alpha\sin\beta) + i(\sin\alpha\cos\beta + \cos\alpha\sin\beta)$$

となり,実数と虚数の部分に分けて,べつべつに等しいとおくと,

$$\cos(\alpha+\beta) = \cos\alpha\cos\beta - \sin\alpha\sin\beta$$
$$\sin(\alpha+\beta) = \sin\alpha\cos\beta + \cos\alpha\sin\beta$$

となる。

このようにして，cos と sin の二つの加法定理も
$$e^{i(\alpha+\beta)} = e^{i\alpha} \cdot e^{i\beta}$$
というひとつの指数法則から導き出される。だから，ひとつの**指数法則**をよく覚えておくと，頭脳の浪費をしないでもすむ。
$e^{i\theta} = \cos\theta + i\sin\theta$ のなかの θ のかわりに $-\theta$ とおきかえると，
$$e^{-i\theta} = \cos(-\theta) + i\sin(-\theta) = \cos\theta - i\sin\theta$$
となる。二つの式から，
$$\frac{e^{i\theta}+e^{-i\theta}}{2} = \cos\theta$$
$$\frac{e^{i\theta}-e^{-i\theta}}{2i} = \sin\theta$$
が得られる。歴史的には，この公式がオイレルの公式とよばれている。この式を利用すると，三角関数のいろいろの公式の変換を行なうことができる。たとえば，$\cos^2\theta$ を求めるには，つぎのようにする。
$$\cos^2\theta = \left(\frac{e^{i\theta}+e^{-i\theta}}{2}\right)^2 = \frac{(e^{i\theta})^2 + 2e^{i\theta}\cdot e^{-i\theta} + (e^{-i\theta})^2}{4}$$
$$= \frac{e^{2i\theta}+2+e^{-2i\theta}}{4}$$
ここで，左と右との $e^{2i\theta}$ と $e^{-2i\theta}$ を合わせると，
$$= \frac{(e^{2i\theta}+e^{-2i\theta})+2}{4} = \frac{2\cos 2\theta+2}{4} = \frac{\cos 2\theta+1}{2}$$
$\sin^2\theta$ は同じようにつぎのようにすればよい。
$$\sin^2\theta = \left(\frac{e^{i\theta}-e^{-i\theta}}{2i}\right)^2 = \frac{e^{2i\theta}-2e^{i\theta}\cdot e^{-i\theta}+e^{-2i\theta}}{-4}$$
$$= \frac{2\cos 2\theta-2}{-4} = \frac{1-\cos 2\theta}{2}$$
$\cos^2\theta$, $\sin^2\theta$ なら従来のやり方でもできるが，$\cos^3\theta$, $\sin^3\theta$ になると，従来のやり方ではかなりむずかしい。
$$\cos^3\theta = \left(\frac{e^{i\theta}+e^{-i\theta}}{2}\right)^3$$
$$= \frac{e^{3i\theta}+3e^{2i\theta}\cdot e^{-i\theta}+3e^{i\theta}\cdot e^{-2i\theta}+e^{-3i\theta}}{8}$$
$$= \frac{(e^{3i\theta}+e^{-3i\theta})+3(e^{i\theta}+e^{-i\theta})}{8} = \frac{2\cos 3\theta+6\cos\theta}{8}$$
$$= \frac{\cos 3\theta+3\cos\theta}{4}$$

$$\sin^3\theta = \left(\frac{e^{i\theta}-e^{-i\theta}}{2i}\right)^3$$

$$= \frac{e^{3i\theta}-3e^{2i\theta}e^{-i\theta}+3e^{i\theta}e^{-2i\theta}-e^{-3i\theta}}{-8i}$$

$$= \frac{(e^{3i\theta}-e^{-3i\theta})-3(e^{i\theta}-e^{-i\theta})}{-8i} = \frac{2i\sin 3\theta - 6i\sin\theta}{-8i}$$

$$= \frac{3\sin\theta - \sin 3\theta}{4}$$

この方法によれば，$\cos^n\theta$, $\sin^n\theta$ を倍角によって表わすことができる。また，

$$\sin\theta\cos\theta = \frac{e^{i\theta}-e^{-i\theta}}{2i} \cdot \frac{e^{i\theta}+e^{-i\theta}}{2}$$

ここで，和と差の積の公式を使うと，

$$= \frac{e^{2i\theta}-e^{-2i\theta}}{4i} = \frac{2i\sin 2\theta}{4i} = \frac{\sin 2\theta}{2}$$

つまり，

$$\sin 2\theta = 2\sin\theta\cos\theta$$

が得られる。

これらはほんのわずかな実例にすぎない。

オイレルの公式によって三角関数のあいだのいろいろの変形公式は，すべて $e^{i\theta}$ の四則の公式に直されてしまう。

●――概念の体系の立体化

今から5年前に，私はつぎのように書いたことがある。

> 以上は既成の概念にいくらかの修正をほどこすことによって，その間になるべく＜一般――特殊＞という関係をつくることによって，概念の体系を立体化することであるが，つぎには，もっと根本的な立体化について論じよう。それはたがいに無関係であった概念もしくは部門をより高い新しい概念の発見によって，それを統一することである。
> たとえば，長円・放物線・双曲線等の曲線は，形からみると，まるで異質のものであるが，円錐の断面という観点からみれば，それは同類の曲線となってくる。つまり，長円

・放物線・双曲線という三つの概念が，円錐の断面という一つの概念に統一されてしまうのである。あるいはまた，負数の発見によって，それまでには異質なものであった諸公式が一つの公式に統一されてしまうこともよく知られているとおりである。

そのような統一のうちでもっとも鮮やかな例をあげるとしたら，まず三角関数と指数関数を結びつけるオイレルの公式が頭に浮かんでくる。

$$e^{ix} = \cos x + i \sin x$$

幾何学のなかから生まれた $\cos x$ と $\sin x$ とが，解析学のなかから生まれた e^{ix} と同類のものであるということは驚異的なことであるにちがいない。それを可能にしたのは i という虚数の発見なのである。i の発見がどれほどこれまでの雑多な知識を統一し，単純化し，かつ透明にしているかは多言を要しないであろう。

もっと初等的な例をあげるとすれば，もちろん，〝0〟の発見であろう。0 によってすべての数を統一的な形式でかき表わすことができるようになったのがアラビア数字である。このような実例はいくらでもあるが，そこで特徴的なことは，ある新しい概念がつくり出されると，見通しがよくなり，理解が容易になるということである。これを登山にたとえると，展望のきかない谷底や森のなかを歩いていた登山者が，山の頂上や尾根などにたどりついて，すばらしい見晴らしをもつようになるようなものである。このような見晴らし台に似た地点が数学という学問の体系のなかにいくつかあるだろう。

●——一般化したオイレルの公式

普通，オイレルの公式は θ が実数のばあいであるが，一般の複素数になるばあいにも成り立つ。そのように一般化された公式を証明しておくのもおもしろい。

$$z = x + iy$$

が複素数であるとき，
$$\lim_{n\to\infty}\left(1+\frac{z}{n}\right)^n = e^x(\cos y + i\sin y)$$

これを証明してみよう。前とちがうところは，$i\theta$ のかわりに一般の複素数の z が出てくるから，z のベクトルは実軸に垂直ではなく傾いているとみなくてはならない。図❸は，
$$\left(1+\frac{z}{4}\right)^4$$
を求めたのであるが，これはほぼ対数ラセンの上をころがっていくことに気づくであろう。

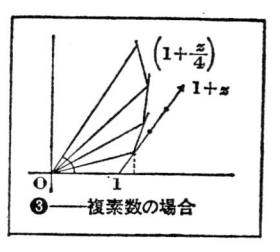

$$\left(1+\frac{z}{n}\right)^n = \left(1+\frac{x+iy}{n}\right)^n = \left(1+\frac{x}{n}+\frac{iy}{n}\right)^n$$
$$= \left(1+\frac{x}{n}\right)^n\left(1+\frac{\frac{iy}{n}}{1+\frac{x}{n}}\right)^n$$

ここで，前の因数の
$$\left(1+\frac{x}{n}\right)^n$$
は e^x に近づくことはすでにわかっているから，後の項が e^{iy} に近づくことを言えばよい。そのために，$x>0$ ならば，
$$\frac{\frac{y}{n}}{1+\frac{x}{n}} < \frac{y}{n}$$
であるから，
$$1 \leq \left|\left(1+\frac{\frac{iy}{n}}{1+\frac{x}{n}}\right)^n\right| \leq \left(\sqrt{1+\left(\frac{y}{n}\right)^2}\right)^n$$
となる。つまり，1 に近づく。

$x<0$ ならば，十分，大きな n に対しては，
$$\frac{2y}{n} > \frac{\frac{y}{n}}{1+\frac{x}{n}} > \frac{y}{n}$$
となる。この絶対値は明らかに 1 に近づく。

*1──遠山啓「一般と特殊」（遠山啓著作集・数学教育論シリーズ・第3巻『水道方式とはなにか』に収録）

偏角のほうも，やはり，yに近づくことがわかる。つまり，
$$\lim_{n\to\infty}\left(1+\frac{\frac{iy}{n}}{1+\frac{x}{n}}\right)^n=e^{iy}$$
となり，したがって，つぎのようになる。
$$\lim_{n\to\infty}\left(1+\frac{z}{n}\right)^n=e^x(\cos y+i\sin y)$$
$x=0$ のばあいがオイレルの公式である。ここで，
$$1,\ \left(1+\frac{z}{n}\right),\ \left(1+\frac{z}{n}\right)^2,\ \left(1+\frac{z}{n}\right)^3,\ \cdots\cdots,\ \left(1+\frac{z}{n}\right)^n$$
という数列は，
$$1 と \left(1+\frac{z}{n}\right)$$
を通る対数ラセンの上にならんでいることに気づくであろう。ここで，$n\longrightarrow\infty$ とすると，そのラセンは1から$1+z$に向かうベクトルに接するようになる。

この対数ラセンは，0点からひいた直線とzの偏角と同じ角度で交わる。この偏角が $\frac{\pi}{2}$ のときが円であるし，0のときが直線である。つまり，円と直線は対数ラセンの退化とみなすことができるのである。そういう意味で，この対数ラセンは重要な役割を演ずるのである。

zを一定にして，tを実数の変数とすれば，e^{zt} のえがく軌跡がその対数ラセンになる。[*1]

[*1] 遠山啓『数学入門』下巻・118ページ(岩波新書)を参照。

関数の性質

●——関数の三用法

内包量は $y=ax$ という三用法にかかわり合いをもっている。広くいうと，正比例を背景として生まれてきたものである。この比例定数に当たるのが内包量であった。そして，dimension をもつものを度，純粋な数となるものを率となづけて，その指導体系を考えてきた。これを一般化して，

$$y=f(x)$$

という関数を考えてみたら，どうであろうか。これはもちろん $y=ax$ という正比例を特殊の場合として含んでいるのである。

a が度であるとき，度の三用法とはつぎのようなものであった。

第1用法——x, y が既知で，a が未知の場合
第2用法——a, x が既知で，y が未知の場合
第3用法——a, y が既知で，x が未知の場合

これを一般化して，$y=f(x)$ にこの方法を当てはめると，"関数の三用法"とでもよばれるものができる。この分類は関数の指導体系をつくる上でかなり有効であろうと思われる。

[関数の三用法]
第1用法——x と y から f を求める。
第2用法——f と x から y を求める。
第3用法——f と y から x を求める。

●──第1用法

度や率の三用法では，第1用法は内包量の概念づくりに相当するもので，これをはじめにもってくることは当然である。しかし，関数では第1用法はそれほど簡単ではない。むしろ，ある意味ではもっともむずかしくて，最後にもってくるほうがよいともいえる。

第1用法で，入門的な関数の概念づくりに相当する部分を第1用法と名づけることにしたら，むずかしい部分は第2用法，第3用法の後にくるので，〝第4用法〟とよんだほうがあるいは適切であるかもしれない。

第1用法のうちで関数の概念づくりに当たる部分は，f という操作・写像・変換等のコトバで表わされるものが存在することを理解させることに主力がおかれる。

ここでは暗箱(black box)が有効である。暗箱の役割は未知，もしくは未定の関数をともかくひとつの関数として認めさせるという点で効果を発揮する。だから，y を x のある関数として，

$$y=f(x)$$

とおくためには，図❶のような暗箱をまず考えると，そこから，自然にでてくる。この段階では，まだ f の具体的な形をさがし出すということまでは達していない。すでに与えられた

$$3x^2-4x+5$$

を x の関数としてとらえたり，あるいは式で表わされていない不定の関数を f とおくようなことである。

この段階の関数は中身があまりくわしくわからないので，まさに暗箱の名がふさわしい。

●──第2用法

f と x を知って y を求めるのであるから，$f(\ )$ に x を代入して y を求める順算である。ここでは代入計算を正確に行なうことが中心となる。代入といっても，定数を代入するだけではなく，文字や文字式を代入することができなければならない。

昨年(1964年)の暮れに近畿地区数学教育協議会の大会で，堀井洋子さんが文字にカッコをつけることを提案されていたが，これはたいへんおもしろい方法だと思う。

文字というものは，本来は，どんなものでも自由にはいることのできる部屋のようなものである。数学者のワイルは空虚な場所といったが，まさにそのようなものである。その意味からすると，x, y, ……という文字は空いた部屋のよび名のようで，xであろうが y であろうが，どうでもよいものである。

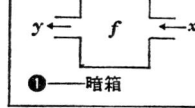

xをふくんだ式があるとき，そのxに $t+1$ を代入するときにはxのかわりにカッコをつけた$(t+1)$ というものを代入しなければならない。つまり，たとえば，

$$2x^2-3x+5$$

に $x=t+1$ を代入すると，

$$2(t+1)^2-3(t+1)+5$$

としなければならない。これははじめからカッコをつけて，

$$2(x)^2-3(x)+5$$

としておけば，カッコの中のxのかわりに $t+1$ を入れかえるだけで苦労はない。だから，導入の段階ではカッコをつかうほうが生徒の理解を容易にすると思う。

がんらい，暗箱を使うのはxからいちおう独立した f，いわば入力とはいちおうべつな装置を考えさせる目的のためである。

だから，その意味からいっても，xを書かないでカッコだけを書いたほうがはっきりする。

$$f(\ )=2(\ )^2-3(\ )+5$$

これをみると，( )は空虚な場所で，そのなかには何でも自由にはいることができるという感じがよく出ると思う。

$f(x)$と$f(t)$とは文字がちがうと別の関数だと思う生徒が少なくないだろう。

$$f(x)=2x^2-3x+5$$
$$f(t)=2t^2-3t+5$$

しかし，

$$f(\ )=2(\ )^2-3(\ )+5$$

とかいておけば，その心配はない。だから，関数の指導に当たっては，まずカッコだけで，文字のない

$$f(\ )=2(\ )^2-3(\ )+5$$

からはじめて、そのつぎにはカッコのなかに文字を入れた

$$f(x)=2(x)^2-3(x)+5$$

にうつり、ここで、中の文字は x でも t でもよいことをよく納得させ、最後に文字だけでカッコをとった

$$f(x)=2x^2-3x+5$$

にうつればいいだろう。

以上で第2用法の段階が終わるが、実際上は第1用法とは区別がつけにくいにちがいない。

●――第3用法

f と y を知って x を求める問題である――図❷。これは別の言いかただと、f の逆関数 f^{-1} を求めることに他ならない。

この用法は第1用法や第2用法とは明らかに異なっていて、それらよりむずかしい。

まず第1にあげられるのは方程式であろう。代数方程式もこの第3用法という見地からみたほうがよいだろう。x の有理関数は＋・－・×・÷の四則によって組み立てられた関数である。

$$y=\frac{b_0x^n+b_1x^{n-1}+\cdots\cdots+b_n}{a_0x^m+a_1x^{m-1}+\cdots\cdots+a^m}=f(x)$$

ここで y を定めて、それから x を求める。つまり、$f^{-1}(y)$ を求めるには、分母をはらって整理したつぎのような関数をとけばよい。

$$c_0x^l+c_1x^{l-1}+\cdots\cdots+c_l=0$$

ここで、$c_0, c_1, \cdots\cdots, c_l$ は y の1次式もしくは定数である。つまり、代数方程式を解くことは第3用法の特別なばあいと考えてよい。

これが連立1次方程式のときは、行列の逆転になる。

$$y_1=a_{11}x_1+a_{12}x_2+\cdots\cdots+a_{1n}x_n$$
$$y_2=a_{21}x_1+a_{22}x_2+\cdots\cdots+a_{2n}x_n$$
$$\cdots\cdots\cdots\cdots$$
$$y_n=a_{n1}x_1+a_{n2}x_2+\cdots\cdots+a_{nn}x_n$$

行列の形に書くと、

$$Y=AX$$

ただし，
$$Y = \begin{bmatrix} y_1 \\ y_2 \\ \vdots \\ y_n \end{bmatrix} \quad A = \begin{bmatrix} a_{11} & a_{12} & \cdots & a_{1n} \\ a_{21} & a_{22} & \cdots & a_{2n} \\ \vdots & \vdots & & \vdots \\ a_{n1} & a_{n2} & \cdots & a_{nn} \end{bmatrix}$$

$$X = \begin{bmatrix} x_1 \\ x_2 \\ \vdots \\ x_n \end{bmatrix}$$

❷──逆関数

とする。ここで，A^{-1} を求めるには行列式を使えばよいし，また，Y と A から X を求めるにはクラーメルの公式を使ってもよい。

あるいはつぎのように考えてもよい。A を n 行 1 列の列ベクトル A_1, A_2, $\cdots\cdots$, A_n を横にならべたものとする。

$$A = \begin{bmatrix} a_{11} & a_{12} & \cdots & a_{1n} \\ a_{21} & a_{22} & \cdots & a_{2n} \\ \vdots & \vdots & & \vdots \\ a_{n1} & a_{n2} & \cdots & a_{nn} \end{bmatrix} = [A_1 A_2 A_3 \cdots\cdots A_n]$$

ここで，A_1, A_2, $\cdots\cdots$, A_n はどのような意味をもっているかを考えると，それぞれ次の単位ベクトルを A でうつしたものである。

$$e_1 = \begin{bmatrix} 1 \\ 0 \\ \vdots \\ 0 \end{bmatrix} \quad e_2 = \begin{bmatrix} 0 \\ 1 \\ 0 \\ \vdots \\ 0 \end{bmatrix} \quad \cdots\cdots \quad e_n = \begin{bmatrix} 0 \\ 0 \\ \vdots \\ 1 \end{bmatrix}$$

$$Ae_1 = \begin{bmatrix} a_{11} & a_{12} & \cdots & a_{1n} \\ a_{21} & a_{22} & \cdots & a_{2n} \\ \vdots & \vdots & & \vdots \\ a_{n1} & a_{n2} & \cdots & a_{nn} \end{bmatrix} \begin{bmatrix} 1 \\ 0 \\ \vdots \\ 0 \end{bmatrix} = \begin{bmatrix} a_{11} \\ a_{21} \\ \vdots \\ a_{n1} \end{bmatrix} = A_1$$

$$Ae_2 = \begin{bmatrix} a_{11} & a_{12} & \cdots & a_{1n} \\ a_{21} & a_{22} & \cdots & a_{2n} \\ \vdots & \vdots & & \vdots \\ a_{n1} & a_{n2} & \cdots & a_{nn} \end{bmatrix} \begin{bmatrix} 0 \\ 1 \\ \vdots \\ 0 \end{bmatrix} = \begin{bmatrix} a_{12} \\ a_{22} \\ \vdots \\ a_{n2} \end{bmatrix} = A_2$$

$\cdots\cdots\cdots\cdots$

$$Ae_n = \begin{bmatrix} a_{11} & a_{12} & \cdots & a_{1n} \\ a_{21} & a_{22} & \cdots & a_{2n} \\ \vdots & \vdots & & \vdots \\ a_{n1} & a_{n2} & \cdots & a_{nn} \end{bmatrix} \begin{bmatrix} 0 \\ 0 \\ \vdots \\ 1 \end{bmatrix} = \begin{bmatrix} a_{1n} \\ a_{2n} \\ \vdots \\ a_{nn} \end{bmatrix} = A_n$$

このことを逆に考えると，A^{-1} は e_1, e_2, $\cdots\cdots$, e_n の逆像を横にならべたものになるはずである。

$$e_1 = AB_1$$

$$e_2 = AB_2$$
$$\cdots\cdots$$
$$e_n = AB_n$$

として，
$$[B_1,\ B_2,\ \cdots\cdots,\ B_n] = A^{-1}$$

とおけばよいことがわかる。

この式からクラーメルの公式によって，A^{-1} を求める。しかし，A の行列式が定義できないような場合，たとえば，無限次元の場合でも，この方法は利用できることはもちろん可能である。

このようにして A^{-1} を求めるのは，たとえば，線型作用素の場合にはグリーン関数を求めることに帰着する。

この第3用法に属するものは数学全体を通じて数多い。たとえば，力学におけるニュートンの運動方程式は，

$$m\frac{d^2x}{dt^2} = K$$

という形をしているが，力 K は意味の上からはその物体を動かす入力であるし，変位 x は K によって引き起こされる出力に当たる——図❸。

しかし，この式の形からみると，x が入力で，K が出力という形をしている。すなわち，これは，図❹のような形であるから，これも暗箱の逆を求める問題であって，第3用法のひとつであるといえよう。

数理物理学や力学の問題の多くは，式の上では，

$$y = f(x)$$

の形をしていて，ここの x は意味の上では結果であり，y は原因である。

$$原因 = f(結果)$$

この形のままではものの役に立たないので，f を逆転して，

$$結果 = f^{-1}(原因)$$

という形に直すことが数学の任務となっていることが多い。

●——むずかしい第1用法

やさしい第1用法からはじめて第2用法，第3用法と進んで，もういちど第1用法にもどってきたが，こんどの第1用法は，今までのどれよりもむずかしい。

これは，いうまでもないが，x と y を知って f を求める問題であるが，すべての x に対する y の対応値を知って f を求めることであったら，f ははじめからわかっていることになって，それではたいしておもしろくはない。

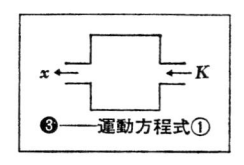

ここで主として問題になるのは，できるだけ少ない x に対応する y の値を知って，f の具体的な形をみつけることである。その典型的な例として，ラグランジュの補間法をとってみよう。

$$y = f(x)$$

において，

① —— $y_i = f(x_i)$　（$i = 0, 1, 2, \ldots, n$）
② —— f は n 次の多項式関数である。

これだけの条件から f を決定するのである。このなかで，②の条件は対応値に関するものではなく，f の形式に対する制限である。これを解くには，前にのべた線型のばあいの行列 A の逆 A^{-1} を求める方法を流用できる。

ここで，y_i のベクトルが $e_0, e_1, e_2, \ldots, e_n$ のばあいに対する x_i を求める。まず，y_i が，

$$e_0 = \begin{bmatrix} 1 \\ 0 \\ 0 \\ \vdots \\ 0 \end{bmatrix}$$

となるばあいを考える。

つまり，$x_1, x_2, \ldots, x_n$ では 0 で，x_0 では 1 になる f である。
$x_1, x_2, \ldots, x_n$ で 0 になる関数はもちろん

$$k(x - x_1)(x - x_2) \cdots (x - x_n)$$

である。x_0 で 1 になるには k が，

$$\frac{1}{(x_0 - x_1)(x_0 - x_2) \cdots (x_0 - x_n)}$$

となればよい。つまり，求める関数は，

$$\phi_0(x) = \frac{(x - x_1)(x - x_2) \cdots (x - x_n)}{(x_0 - x_1)(x_0 - x_2) \cdots (x_0 - x_n)}$$

である。
このような関数をつぎつぎにつくると，
$$\phi_1(x) = \frac{(x-x_0)(x-x_2)\cdots\cdots(x-x_n)}{(x_1-x_0)(x_1-x_2)\cdots\cdots(x_1-x_n)}$$
………
このような $\phi_0(x)$, $\phi_1(x)$, ……, $\phi_n(x)$ をつくって，それから，
$$f(x) = y_0\phi_0(x) + y_1\phi_1(x) + y_2\phi_2(x) + \cdots\cdots + y_n\phi_n(x)$$
をつくると，これが求める関数である。

これまでは2次関数をやっても，この補間公式まではやっていなかったのであるが，ここまでやっておかないと，完全とはいえないように思う。これは，今後はどうしても教育体系のなかに組み込みたいものである。ラグランジュの補間公式は x_0, x_1, x_2, …… が等間隔でならんでいなくてもよいが，これが等間隔にならんでいるとき，ニュートンの補間公式が使える。ニュートンの公式で間隔をしだいに縮めて，しだいに0に近づけると，テーラーの展開公式が得られる。

$$f(x) = f(a) + (x-a)f'(a) + \frac{(x-a)^2}{2!}f''(a) + \cdots\cdots$$
$$+ \frac{(x-a)^n}{n!}f^{(n)}(a)$$

$f(x)$ が n 次であるという条件をやめて，ただ"解析的"という条件をつけ加えると，無限級数のテーラー展開が得られる。

$$f(x) = f(a) + (x-a)f'(a) + \frac{(x-a)^2}{2!}f''(a) + \cdots\cdots$$
$$+ \frac{(x-a)^n}{n!}f^{(n)}(a) + \cdots\cdots$$

この展開式をみると，
$$f(a),\ f'(a),\ f''(a),\ \cdots\cdots,\ f^{(n)}(a),\ \cdots\cdots$$
という値がわかれば，この関数は確定する。つまり，a の近くの値がわかればよいのであるから，それより遠いところの x に対する $f(x)$ も決定されてしまう。これは"間を補う"という意味，つまり，inter polation ではなく，extra polation，つまり，外挿法なのである。

工学のなかで，この種の問題を探せば，典型的なものとしては回路網の合成(synthesis)がある。入力と出力を与えて f をみつける問題である――図❺。

この問題は回路網の理論のなかでもっともむずかしい問題である。また，スイッチ回路では，ブール代数を使って，この問題が解かれることはよく知られている。

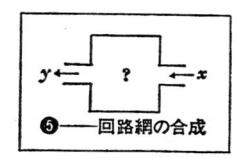

❺──回路網の合成

●──関数の複合過程

以上のように関数の指導段階を，

①──やさしい第 1 用法
②──第 2 用法
③──第 3 用法
④──むずかしい第 1 用法

というように分けたが，これはもちろんひとつの関数に関するものであって，いわば関数の素過程のようなものである。

二つ以上の関数を組み合わせて別の関数をつくることは，そのつぎの問題で，いわば複合過程に相当するものである。その結合の方法として，しばしば現われるのはつぎのようなものである。

① ── 和 ── $f(x)+g(x)$
② ── 差 ── $f(x)-g(x)$
③ ── 積 ── $f(x)g(x)$
④ ── 商 ── $\dfrac{f(x)}{g(x)}$
⑤ ── 合成 ── $f(g(x))$

ただし，逆関数はすでに第 3 用法として検討したので，ここでは触れないでもよいだろう。

⑥──二つの関数のうち大きいほうをとる──$\mathrm{Max}(f(x), g(x))$
⑦──あるいは小さいほうをとる────$\mathrm{Min}(f(x), g(x))$
⑧──さらにすすんで無限個の関数から lim をとる
　　──$\lim\limits_{n\to\infty} f_n(x)$

というような多くの演算が考えられる。

中学・高校数学の
発展のために

●───記号の威力と記号論理学

数学の内容よりは，むしろその方法にかかわるものとして記号がある。ある意味では〝数学とは記号を利用する学問である〟と規定することができるくらいである。だから，ここで〝記号的思考〟について考えておく必要があろう。とくに数学教育においては重要である。

よい記号が思考を容易にし，複雑で，普通の手段ではとうてい手に負えないような問題をも解決可能にすることは，経験上よく知られていることである。

$$a \equiv b \pmod{n}$$

という合同式の記号を発見したガウスは，この記号によって凡人も天才と同じように考えることができる，といった。だから，記号の威力を軽視して，それを積極的に利用しようとしなかった数学教育はみな失敗している。

たとえば，暗算中心主義の算数がそうである。記号の威力を積極的に利用したのが算用数字であるが，その威力を認めないために，暗算の泥沼におちこんだのが暗算中心主義であった。

また，四則応用問題の難問がそうである。問題をいったん記号化し，それを方程式に記号化すれば，解決は容易になるということを忘れて，生の文章から解決を引き出そうとするところに誤りがある。

日本の教科書で記号による思考を一貫して排撃しているのは緑表紙である。これは緑表紙の批判に際して忘れてはならない視点である。

さて，記号の威力をもっとも鮮やかに示しているのは記号論理学であろう。命題・集合・述語等をA，B，C，……の文字記号で表わし，それらのあいだの結合関係を∧・∨などの記号で表わすことによって推論を記号化するのが記号論理学の方法である。そのような記号化によって，記号なしの方法では迷子になってしまうような複雑な推論が可能になることはよく知られている。

記号的思考はシェーマほど視覚的ではないが，純粋な手がかりなしの思考よりは視覚的であり，その意味では感性的なものである。

●──文字記号の意味

記号のなかでもっともよく利用されるのは文字記号であるが，文字について考えておくことがこの際，必要であろう。

従来の教育では，文字はもっぱら数を代表するものとして導入された。しかし，これは狭すぎる。関数・操作・写像・命題・集合……等，ありとあらゆるものが文字で表わされるのであるから，そのことを念頭において文字を導入することが望ましい。

文字はどのような意味をもっているのだろうか。これについてはくわしい分析を行なっておく必要があろう。

❶──一般的な要素

たとえば，長方形の面積公式

$$S=ab$$

のなかの文字 a, b, S は変化することを予想していない一般的な定数である。それは"あれ""これ"……などという指示代名詞のようなものである。そして，そのときまでは a, b, S が実数集合の要素であることは明らかに意識されてはいない。

❷──未知の要素

$$3x+5=17$$

という方程式にでてくる x は，これもまだ変数ではなく定数であるが，これから探し出すべき未知の定数である。一般化すると，これは何らかの条件を満足するある要素である。しかし，ここでもやはり確定した集

合の要素であるとはいえない。

はじめから集合を確定してしまうと，方程式の根としてまったく新しい数が出現してくるという事実を正しくとらえることはできない。x をかりに実数集合の要素であると定めてしまうと，

$$x^2+x+1=0$$

の根はない，ということになって複素数の世界が開けてくる機会はなくなってしまう。

❸——変化する要素

$$y=2x$$

という関数のなかに現われてくる文字はもはや定数ではない。それは変化する数である。だが，変化とはなにか。x が 1 から 2 に変化したということが言えるためには，その前提としては，1 と 2 とのあいだに何らかの相互関係がなければならない。つまり，1 と 2 とは何らかの構造の素子でなければならない。たとえば，$1<2$ という大小関係があらかじめ規定されているから，x は増加したということが言えるのである。

❹——空虚な場所

ワイルは文字を空虚な場所とよんだ。そのひとつの例としては算用数字の 0 がある。204 とかくときの 0 は十をおく場所が空虚になっていることを意味している。このときの十のケタは一のケタや百のケタとの相互関係が確定しているのである。それは空虚な場所とはいっても，他の場所との関係がまえもって定まっているということが前提されているのである。つまり，ある構造の素子の占めるべき位置を表わしているのである。ここでは相互関係がすでに規定されている。したがって，文字と文字をつなぐ ＋・－・×・÷・∪・∩…… などの記号が先にあって，文字のなかにはいるべきものが後に定まるのである。だから，関数は，

$$2()^2-3()+5$$

という形にかけるが，このときの（　）に当たる。このような文字は（　）で表わすことが望ましいのである。

以上のように文字はいろいろの意味をもっているし，その段階は❶❷❸

❹の順序になっているとみられる。しかし，指導の順序は❶❷❸❹であるかというと，かならずしもそうではない。むしろ，最後の❹からはじめたほうがよいのかもしれない。これまでの小学校における文字指導の実践からみると，❹からはじめたほうがよいのではないかと思われる。❹のほうがシェーマを作りやすいし，子どもにはかえってつかみやすいようである。

❸──量と集合

以上の一般論をのべてから，各論にはいろう。そのためには全体を貫く柱をまず設定しなければならない。ここでは五つの柱を立てることにする。

① ──量
② ──集合
③ ──論理
④ ──図形
⑤ ──空間

これについてはいろいろの異議もあろうから遠慮ない批判を期待する。
その中でも量はもっとも大きな柱である。これは現代化運動のはじめからわれわれの主張の中心であった。
集合は現代数学の出発点であるから当然であろう。これに対して，もうひとつ論理の柱を立てることにしよう。これは言語との接触点になっている。
つぎに空間と図形という二つの柱を立てる。これもひとつの柱のほうがよいという意見もあろう。
しかし，柱の立て方は全体系をよくつかむための手段にすぎないのであるから，5本であろうが3本であろうが，それほど重大な差異はない。
われわれの研究でもっとも進んでいるのは量の体系である。これは1958年から手がつけられているので，すでに7年間の研究実績をもっているから当然であろう。だから，ここでは量の柱については余り深くふれることはやめよう。
ただ，ここでは集合と量との関係についてのべておこう。現代化が集合

を重視することは当然である。なぜなら，現代数学の出発点は集合だからである。事実，世界的におこっている現代化の運動はすべて集合を基礎としている。とくにアメリカの現代化にはその傾向が著しい。しかし，アメリカの現代化は集合を重視するあまり，量を軽視しているようである。

集合からはじめることは正しいが，それからすぐに量はでてこない。集合の要素そのものはたがいに等質である必要はない。たとえば，リンゴとミカンの混じった集合は，これを"いくつ"ということはいわない。つまり，"いくつ"ということがいえるためには要素が等質，もしくは等質とみなすことのできるものでなくてはならない。

　　　集合──等質化──量

このことは指導要領改訂においてとくに注意すべき点である。おそらくこんどの指導要領はアメリカの影響を強く受けるであろうが，そのとき，集合だけが強調されて，量が軽視されることが十分に予想される。そのような欠陥を批判するには，等質化という観点が必要になろう。

おそらく幼児の算数も，やはり集合からはじまるだろう。それから量へはいるか，論理へはいるかで低学年の算数はひとつの分岐点にかかるだろう──図❶。

集合と論理との関係は双対的である。それは集合の要素がいろいろの属性をもっているが，そのとき，ある属性をもつ要素によって部分集合をつくる。つまり，

　　　属性──→部分集合

という対応があり，また，部分集合に共通な属性をひろい出すと，

　　　部分集合──→属性

の対応がつくり出される。このときの対応は属性が増加すればするほど部分集合は減少するというシーソー的な関係が成り立つ。これが束の理論でいう双対性である。

部分集合のあいだにある"含む""含まれる"の関係

　　　$A \subset B$　　　$A \supset B$

や，"交わり"や"結び"の演算についてはかなり早くから導入しておくほうが望ましい。

　　　$A \cap B$　　　$A \cup B$

● ──関数

関数は量のあいだの関係であるという近代数学の立場に立つなら，これは量の柱の上においたほうがよいのかもしれないが，命題関数や集合関数という広い意味の関数をふくむという立場をとるので，これを集合の柱の上においた。

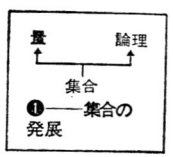

関数は静的な"もの"の概念ではなく，動的な"はたらき"の概念である。言語でいうと，名詞ではなく動詞に当たる。だから，出発点では，何かの"もの"がまずあって，それに"はたらき"が加わって，その"もの"に何らかの変化を与える，という形をとる。

しかし，言語のばあいと同じく，ある"はたらき"が，はたらく"もの"のちがいを越えて同一のことばで表わされるようになる。たとえば，

　　　机を動かす
　　　イスを動かす
　　　身体を動かす
　　　足を動かす
　　　車を動かす
　　　…………

という事がらから"動かす"という動詞が抽出され，これは机・イス・身体……等の名詞に無差別に適用されるようになる。ここで，はたらきを受ける名詞からいちおう独立な"はたらき"として動詞が抽出されたことになる。

さらに，この"動かす"という動詞から"移動"という名詞が形造られるようになって，思考はさらに高度化する。そのことによって"机の移動はむずかしい"というさらに高次元の思考が可能になる。

関数概念も本質的にはそれと同じである。はじめは動詞的なものであるが，あとでは名詞化して，いよいよ独立性を強めていく。

だが，人間の思考はそこにも留まらない。それは"はたらき"の背後にそのはたらきを引き起こす何かの"もの"を仮想するからである。

原始人は"風が吹く"というはたらきに出会うと，大きな袋をもった風神を想像したし，雷鳴というはたらきに直面すると，太鼓をもった雷神を空想した。ひとつの現象にひとつの神を対応させるのが多神教の考えであるが，"はたらき"の背後にそれを引きおこす力をもつ"もの"を想定す

るのは人間の根強い傾向であるといえよう。

そのことを利用して，関数を"はたらき"そのものとして換言すれば，"はたらき"を受ける"もの"からいちおう独立な"はたらき"として把握させるためには，暗箱というシェーマが有効である——図❷。

fはひとつの装置で，そのなかにxを入れると，xに一定の加工をほどこして，それをyとして出すものである。ウィーナーによれば変換器(transducer)である。このようなものは至るところに見出されるので，実例をあげるのに困ることはあるまい。自動販売器・ジューサー・ミキサー……などいくらでもある。

このような実例によって，xともyとも別なfそのものを考える習慣をつけさせ，それからしだいに具体的な変換器のないばあいにうつっていくのである。命令文で書かれた"2乗せよ"とか"約数の個数を求めよ"という指令がそれに当たる——図❸。

これまでの定義では，関数は出力のyととりちがえる傾向が強かったが，上のように，fそのものを考えさせることからはじめると，その誤りを防ぐことができる。そういう意味では，いわゆる対応図は役に立たない。なぜなら，それは対応の結果を与えるだけで，fそのものを考えさせるのには何の足しにもならないからである。

ただ，ここでとり上げておくべき問題がひとつある。それは暗箱のシェーマではとらえにくい多価関数である。たとえば，つぎのような陰関数で表わされた関数

$$F(x, y)=0$$

は＜多──→多＞の対応を与える。ここで$x=x_0$とおくと，それに対して

$$F(x_0, y)=0$$

を解くと，複数の$y_1, y_2, \ldots, y_m$が定まる——図❹。

逆に$y=y_0$と定め，

$$F(x, y_0)=0$$

を解くと，それの解として，$x_1, x_2, \ldots, x_n$が定まる——図❺。

このような対応は代数幾何学において(m, n)対応と呼ばれているもので，"多 対 多"の対応なのである。これはmeromorphismとも呼ばれている。

これは暗箱のシェーマではとらえにくいので，このようなものをどう位

置づけるかがひとつの問題であろう。

●——論理的思考とユークリッド幾何
数学教育の重要な任務のひとつとして論理的思考の育成がある。そのことはむかしも今も変わらない。しかし，この論理的思考をどのようにして，また，どのような場面で行なうかは大きな問題であろう。

これまで動かすべからざる原則と考えられてきたのは，論理的思考の訓練をユークリッド幾何で行なう，ということであった。長いあいだ不動の原則として考えられてきたことをくつがえすことは困難であるが，この問題を正面から解決することをしなくては現代化は骨抜きになってしまうだろう。

結論的にいうと，ユークリッド幾何は，論理的思考の訓練の場としてはもっとも不適当なのである。

ユークリッドの公理系とヒルベルトの公理系をくらべてもわかるように，公理系のえらび方は多種多様であって，しかも複雑である。

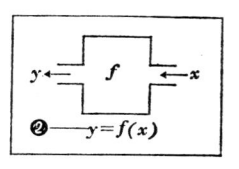

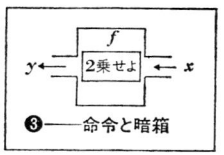

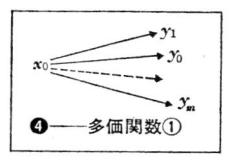

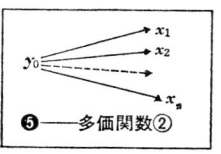

また，幾何は目に見える図形をあつかうために直観と論理とが混同されやすい。△ABC を図の上にかくと，それは，もう特殊な三角形であって，一般の三角形ではないのである。代数だと，$a, b, c, \ldots\ldots$ という文字を書くと，それがもう一般の数を表わしている。そういう点からみると，代数のほうがすぐれているのである。幾何で図を描いて証明することは，代数で2次方程式の公式を出すのに文字係数の式が使えないので，数字係数の方程式で証明するようなものである。そのために△ABCを図にかくとき，正三角形もしくは二等辺三角形にならないように気をつけねばならないのである。

また，図形を見ながら推論するために，証明されない事実や公理で明示されていない仮定が密輸入される危険がたぶんにある。ユークリッドの公理系では，そのような密輸入が数多く行なわれている。論証ということは気密室のなかで行なわれないと意味がないのであるが，ユークリッ

ド幾何では至るところに隙間があるので，不適当なのである。
以上のことから，幾何から論理的思考の訓練という任務を切りはなし，図形と空間の探求に専念できるようにしてやる。そのために考え出されたのが方眼と折れ線である。

●──記号論理と整数論

それでは論理的思考をどこでやるか，という問題がおこる。それに対応する答えとしては，つぎの二つを用意しておきたい。

①──記号論理学
②──整数論

整数論については後にのべることにするが，ここでは記号論理学についてのべよう。
たんなる論理学は数学とはいえないだろうが，記号化することによって，それは数学の一部門になるものと考えてよいだろう。
記号論理学をどのような順序でやるかはまだよくわからないが，それについてはいろいろの実験が行なわれているので，やがて指導法が確定するであろう。しかし，ここではド・モルガンの法則が重要な目標となるだろう。
整数論は，これまで数学教育のなかで，だれひとりとして注目しなかった部門である。したがって，ここでは教育上の蓄積は皆無である。だから，この指導法を完成するには，数多くの実験をくり返さねばならないだろう。しかし，最近，行なわれた互除法についての実験によれば，小学校5年からはじめることができると考えられる。
もちろん，どのような教材を盛りこむか，それをどのような順序に配列するかについては慎重な考慮が必要である。たとえば，ここでは素因数分解・整数論的関数・合同式などがそれである。
しかし，巧みに組織されるなら，教育的にみてきわめて豊富な材料を提供し得るだろうと思われる。これを幾何とくらべると，いろいろの点で有利である。また，公理系がきわめて簡単であることも幾何より適切である。それは四則の計算のできる子どもには自由に実験したり，検証したりすることができるのである。また，$d(n)$，$\varphi(n)$ などの整数論的関

数は関数概念を養う上でよい実例を提供するだろう。さらに合同式による類別は，量とはいちおう別な〝構造〟のよい例であろう。

つまり，整数論は数学教育における多くの概念の原型を提供しているのである。

● ——空間と図形

空間と図形とはいろいろの点からみて二つに分けたほうがよいと思う。その特性や役割においてかなりのちがいがあるからである。

ユークリッド空間の特質のひとつは等質性にある。各点のまわりの構造はすべて同一であり，任意の点を任意の点に写す運動がつねに存在するのである。このことは方眼の使用に慣れることによって早くからつかむことができる。また，もうひとつの平行線公理も直角座標の存在によってたやすく理解できる。

Ⅵ―中学・高校数学の展望

●――数も言語と同じように，人間が長い進化のあいだにつくりあげた歴史的な産物なのである。というより，数そのものが，ある特殊な言語である，と考えてもよいのである。――232ページ「構造とはなにか」

●――宴会などで，よく〝かくし芸〟を出しあうことがある。そのとき，まず皮切りにある人が芸をする。それが終わると，その人は〝後続者〟を指名する権利が生ずる。指名された人はどんなに芸なし猿であっても，なにかやらねばならない。このようにして，つぎつぎに全員がもれなくかくし芸の披露におよぶ。ペアノの理論といっても，じつはこういうことをしかつめらしく理論化しただけのことである。――239ページ「ペアノの公理と自然数」

●――加法を合併ではなく添加で導入するといいながら，〝数え主義〟には反対だと主張している人もいるらしいが，これは自己矛盾である。なぜなら，数え主義は，たんに数詞をマル暗記させることだけではなく，自然数を直線的な線型順序としてとらえる〝数え主義の親にあたるものであって，〝だんまりの数え主義〟なのである。――249ページ「ペアノの公理の拡張」

●――がんらい，一つの学問のなかでつくり出された成果は，それが深遠なものであればあるほど，その学問のワクをうち破って，ほかの学問にも，さらに進んで，人間のものの考え方そのものにも強い影響を及ぼしていくものである。そういう例はいくらでもある。――234ページ「構造とはなにか」

構造とはなにか

● ——数学の文法

子どもたちは、学校で教わることはみんな大昔からあったものだと思いこんでいることが多い。人間の使うコトバはどうしてできたか、ということについても深く考えてみたことはあるまい。そして、先生もそんなことは話にも出さない。コトバも人間が長いあいだかかってつくり上げたものであることに気づかないまま、すごしてしまう。ところが、コトバは人間が数千年、数万年かかって徐々につくり上げてきた歴史的な産物なのである。それは多くの変化をとげてきたものであるし、これからも大きく変化し、発展するであろう。

ところが、数も言語と同じように人間が長い進化のあいだにつくり上げた歴史的な産物なのである。というより、数そのものがある特殊な言語であると考えてもよいのである。

言語は、まず第1に、数多くの単語から成り立っている。しかし、単語のたんなる集まりが言語ではない。日本語のある辞典をもってきて、ここにでている単語が、日本語のすべてであるというわけにはいかない。日本語を学ぼうと思えば、辞典のほかに文法書がなければならない。つまり、言語というのは単語と、その単語を組み立てていく一定の法則、つまり、文法から成り立っているといってもよいだろう。

数も、やはり、そうである。1, 2, 3, 4, ……という自然数の一つ一つが単語に当たるとすれば、1＜2＜3＜4……という順序や、1＋2＝3, 5＋7＝12, ……という加法の規則は単語と単語を結びつける文法に相当

するといえる。つまり，1, 2, 3, ……という自然数の集合は数のたんなる雑然たる集まりではなく，一定の組織や組み立てをもった建築物なのである。

例を建物にとると，それは二つの面からながめることができる。まず一つは建築材料の面である。土台・柱・ハリ・屋根……等の材料からそれはできている。建物が，まだ建てられず材料置場につみ重ねてあるときは，それらは材料の雑然たる〝集合〟にすぎない。それはまだ構造ではない。つまり，土台石の上に柱が立つとか，柱の上に屋根がのるというような組み立てはまだやってない。そのような無構造の集合なのである。

しかし，設計図ができて，材料どうしが一定の方針にしたがって組み立てられはじめると，無構造の集合が構造のある集合に変わってくる。建物はけっして材料のたんなる集合ではなく，それに何かが加わったもの，つまり，集合プラスαである。このαが構造なのである。

● ―― 構造とはなにか

〝構造〟などということを言い出すと，〝おまえはまた新しいコトバをひねり出して数学教育界を混乱させるのか〟という人がいるかもしれない。数年前，私が量の体系をつくったとき，〝外延量〟〝内包量〟というコトバをもってきた。ところが，そんな珍妙なコトバを持ち出すのはけしからんと非難された。たしかに数学教育界では，これは耳なれないコトバであったかもしれないが，哲学や自然科学の世界では500年ぐらい前から使われていたコトバであって，めずらしくも何ともない術語であった。こんなコトバであわてふためくのがだいおかしいのである。それだけ数学教育の世界は太平の眠りをむさぼっていたともいえる。

また，推移律ということを言い出したら，数学教育のさる大家が〝おどかさないでください〟と言ったそうである。それでいっぱしの皮肉を言ったつもりであろうが，それは皮肉にはならず，一つの悲鳴としか聞こえなかった。推移律など，一昔前の代数の教科書にはのっていなかったかもしれないが，今の教科書にはたいていのっている常識的な術語にすぎない。外延量・内包量は，数年前はものめずらしいコトバであったが，今ではだれでも知っている平凡な術語にすぎなくなった。同じように，構造というコトバも，近い将来に当たり前の術語になってしまうだろう。

〝構造〟というコトバは建築術からとってきたコトバであるから，建物を例にして説明するのがいちばんわかりよい。しかし，それは現代数学のもっとも中心的な概念なのであるから，数千年における数学の発展を煮つめた重要なものである。そうなると，現代数学の中心概念など，小学校や中学校の子どもと何のかかわり合いがあるのか，〝おどかさないでくださいよ〟という人があるかもしれない。いちおう，それはもっともである。

現代数学の長い発展の末，生み出されたものをそのままの形で子どもにおしつけることはもちろんできない相談である。しかし，別の見地からすると，この〝構造〟を子どもの数学教育に応用することは可能であるし，そればかりか，数学教育を発展させる貴重な刺激となり得る。

●――構造の応用範囲

がんらい，一つの学問のなかでつくり出された成果は，それが深遠なものであればあるほど，その学問のワクを打ち破って，他の学問にも，さらに進んで，人間のものの考え方そのものにも強い影響を及ぼしていくものである。そういう例はいくらでもある。

たとえば，地動説がそうである。地動説そのものは天文学という一つの学問のなかで生まれた一つの結論にすぎなかったが，その影響の及ぶところは天文学のワクのなかに留まってはいなかった。人間が確実に不動のものと信じきっていた大地が動いているというコペルニクスの結論は，当時，人びとを支配していた中世紀的世界観に深刻な衝撃を与えずにはいなかった。そのために物理学者のガリレオは宗教裁判にかけられ，哲学者のブルノーは焼き殺されねばならなかった。

ダーウィンの進化論もそうであった。人間が某月某日に神の手で創られたのではなく，下等動物から長い時間をかけて進化したものであるという学説は，それ自身としては生物学上の一学説にすぎなかったが，その及ぼした影響は生物学の分野を越えて，当時のすべての科学や哲学にまで拡がっていった。事物を静止と固定の側面からではなく，変化と流動の側面からみるという考え方を進化論はもちこんだのである。

このような例はいくらでもあげることができる。そのなかで現代数学のなかで生み出された構造という考え方も，やはり，数学というワクを越

えて他の科学にも及んでいくにちがいない。すでに心理学や認識論にはその影響がみられるようになっている。事実，構造という考え方は，本来，広い範囲に当てはめることのできるものである。建物のほかに，いくつかの例をあげてみよう。

英文タイプライターには26個のアルファベットのキーがならんでいるが，そのままでは無構造の集合であるが，これを一定の順序にしたがって叩くと，そこに構造がつくり出され，一つの文章，たとえば，

   I am a boy.

というような文章ができる。文章はもはや雑然たるアルファベットの集合ではなく，一つの構造，もしくは構造をもった集合である。だから，文章を書くという仕事は，文字を構造化していくことだといってもよい。画家が絵をかくのも，やはり，そうである。パレットに絵の具がならんでいるときには，それはまだ無構造の集合にすぎないが，その画家が彼自身の構想にしたがって絵をかきはじめると，構造化が生まれてくる。絵をかくこともこのような構造化なのである。作曲家が作曲するのも，やはり，構造化であるといえる。音を一定の順序に配列するからである。およそ人間が一つの構想に従って何かを組み立てるのは，やはり，そのような構造化であるといえる。構造をそのように広い意味に解釈するなら，その応用できる範囲はたいへん広くなり，何も現代数学に通暁していなくても，自信をもって使えることになってくる。だから，〝構造〟というコトバを聞いて，〝おどかさないでくださいよ〟などといって反発するのは見当ちがいだといわねばならない。

● ―――同型と準同型

作曲家は同じ音の素材，ド，レ，ミ，ファ……からまるでちがった曲をつくることができるし，画家は同じ絵の具を素材としてまるでちがった絵をかく。それは同じものがいくらでもちがった構造になることができるということである。このようなばあいを〝同物異型〟とよぶことにしよう。

それとは逆に，まるでちがった素材を同じ型に組み合わせることもできる。ある電機工場でトランジスター・ラジオが数千台も生産されている

---

*1―――森毅『ブルバキと現代数学』(東京図書)を参照。

としても，それらはもちろん異なった素材で同じ構造をもっているのである。そのようなばあいは"異物同型"とよぶことにしよう。工場で大量生産される製品はすべてこの"異物同型"のばあいである。

ぜんぜんちがったもののあいだに同じ型の構造があり得るということはたいへん興味が深い。一つの船の模型をつくることは，その船とは異なった素材で同型の構造をつくるということである。一般に実物と模型のあいだの関係は"異物同型"であるといってよい。

こういう例はいくらでもある。子どもが人形遊びをやるのも実物と模型の関係を知っているからであろうし，おとなが庭をつくって楽しむのも模型の意味を知った上のことであろう。

模型という考えは，科学や技術の研究のなかで積極的に利用されている。たとえば，飛行機の設計をするときに，事前にいろいろの実験をやってみなければならないが，実物をつくって飛ばしてみることは危険でもあり，また，費用もかかるので，飛行機の模型をつくって，それを風洞のなかに入れて，空気を流してみて，そのときの反応をくわしくしらべて，実物実験のかわりにする。

これはほんの一例にすぎないが，模型を作って，その模型にいろいろの動作をさせて実物の動作を推論する方法をシミュレーション(simulation)という。これは似ている(similar)というコトバから転化したもので，模写するとか，模するといった意味であるといえば，だいたい当たらずと言えども遠からず，ということである。これは異物同型の考えかたの応用といえるだろう。

これは現代数学でいえば，同型(isomorphic, iso は同, morph は型)にあたる。近ごろ，大脳の働きをしらべるのに，それを模した電子頭脳をつくったりしているが，それもシミュレーションの一例であるといえよう。もちろん，大脳と完全に同型な電子頭脳をつくることは，少なくとも今日では不可能である。大脳には100億程度の細胞があり，それをシミュレーションするには同じ数の素子がいるにちがいないが，そんなことはとてもできない相談である。しかし，大脳の働きのごく一部分を模することならできるだろう。たとえば，整数の四則だけのできる計算器をつくったら，それは大脳の働きの一部分を模したものであり，模型ではあっても，それは粗っぽい模型である。

現代数学のなかの一分野である代数学では，この粗い意味の同型については"準同型"(homomorphic)というコトバを用意している。これはゆるい意味の同型である。

●──自然数の構造と数学教育

さて，構造一般の説明はこのくらいで切り上げて，はじめに問題にした自然数にもどってみよう。

まえにものべたように，自然数$\{1, 2, 3, \ldots\ldots\}$は構造のない雑然たる集合ではなくて，順序 $1<2<3<\ldots\ldots$という構造や ＋・－・×などという結合によって定められる構造をもっている。あるいは教育のなかでは，とくに必要とされる十進的な構造をもっているのである。しかも，これらの異なった構造はある点では結びついているし，ある点では別物である。そこで，これらの構造をはじめは別のものとみることからはじめて，その後で相互の関係をしらべてみることにしよう。

自然数のもっているもっとも著しい構造の一つは，もちろん順序という構造である。しかし，ここで注意しておきたいのは，すべての数が順序という構造をもっているわけではないということである。たとえば，複素数全体の集まりは順序をもってはいない。$2+i$ という複素数と $1+2i$ という複素数のあいだには順序の関係はないのである。

近ごろ，不等式を教えてから，その退化型として方程式を教えるという珍説がでてきた。これが"教育的に"まちがいであることは常識のある人なら，だれでもわかる。ある応用問題を解くときに，まずそのなかにある"不等関係"に目をつけるだろうか。普通だったら，そのなかにでてくる量のあいだの"相等関係"に着眼して，それを方程式に立てるだろう。こういうときに，"まず，不等関係に着眼せよ"と教える教師がいたら，生徒は途方にくれるにちがいない。

しかし，こういう考えは教育的ばかりではなく，理論的にも誤りである。それは順序という構造のない数の集合には応用できないからである。

珍説の話はこのくらいにして，自然数の順序についてのべることにしよう。

自然数を順序という構造の側面から解明しようとした最初の人は，クロネッカーであったらしい。彼は自然数をもっぱら順序数としてとらえよ

うとした。順序数と考えると，大きさ，つまり，量という側面は極度に軽視されてくる。たとえば，電話番号や野球選手の背番号は量としての意味をほとんどもっていない。"電話は2番"，"背番号は16"というように，それは順序数的な数なのである。

クロネッカーの目的は，自然数から量という側面を捨象することであった。そして，このことは当時の数学研究において画期的な意味をもっていたことは否定できない。クロネッカーの方法を日本にもちこんだのは，彼の弟子である藤沢利喜太郎であった。彼は数学研究の最先端で起こった理論を，そのまま初等数学教育のなかにもちこんだのである。そして，彼は"量の放逐"をとなえたのである。そのように，彼の指導によってつくられた"黒表紙"は，唯一の国定教科書として30年の長きにわたって日本の小学校教育を支配しつづけることになった。

しかし，クロネッカーにはじまった順序数主義は，まだそれほど精練されたものではなかった。この考え方をいっそう徹底させようとしたのはペアノである。彼は"後続者"という概念によって自然数の理論を打ち立てることに成功した。彼の理論はたしかに簡潔ですばらしいものではあるが，しかし，それが唯一の理論であるというのではけっしてないのである。

後にでてくる実数の理論のばあいも，その理論はけっして，ただ一つではなく，"切断"をもとにしたデデキントの理論と"基本列"をもとにしたカントルの理論があって，それはいちおう別のものであるが，結局は同値であることが後になって証明された。

同じように，ペアノの理論もけっして，唯一の自然数理論ではなく，他にいくらでも存在し得るのである。この辺のところを早合点してまちがえると，新しくよそおいをこらした数え主義が生まれてくるので用心が必要である。

ペアノの公理と自然数

●──ペアノの公理

さて，ペアノの公理の説明にうつるが，その前に後続者とは何か，ということを説明しなければならない。そのために卑近な例をもってこようと思う。

よく宴会などで"かくし芸"を出し合うことがある。そのとき，まず皮切りにある人がやる。それが終わると，その人は指名権をもっていて，つぎの人を指名する。指名された人はどんなに芸なし猿であっても，何かやらねばならない。しかし，ともかく「ハトポッポ」か何かをやって義務を果たすと，"後続者"を指名する権利が生ずる。このようにして全員がもれなくかくし芸の披露に及ぶのである。

ペアノの理論といっても，じつはこういうことをしかつめらしく理論化しただけのことである。しかし，それはあくまで一つの理論であって，それ以外に自然数の理論化はあり得ないかというと，けっしてそうではない。がんらい，ペアノの理論は順序という構造に重点をおいている点に特徴があることはすでにのべておいたが，その他にも集合数的な構造に重きをおいた理論もつくることができるはずである。富士山に登るにはいろいろの登山道がある。御殿場から登ることもできるし，吉田から登ることもできるが，頂上はみな同じである。ペアノの理論はいろいろな登山道があるなかの一つの道にすぎないのである。

このことを見誤ると，加法は合併ではなく，もっぱら添加でなければならないという，かたよった意見がでてくる。ペアノの理論は"後続者"に

もとづいているのであるから，これはまさに〝1〟の添加にほかならない。だから，添加こそ加法の基礎だと早合点している人がいる。このような考えかたは本質的には順序的構造をよりどころにしている〝数え主義〟に降参したものと言うことができる。数え主義というのは，たんに数詞で〝数える〟ことを強調することではない。もっと重要なことは順序を強く押し出してくる点にある。だから，数えることを強調しなくても，じつは数え主義である人はいくらでもあり得る。

これだけの注意をした上で，ペアノの理論の説明にうつろう。まずはじめにある記号の集まりを考える。

$$N=\{a,\ b,\ c,\ \cdots\cdots\}$$

こういっただけではまことに無愛想で，N が何を意味するかまったくわからない，と思う人が多いだろう。まことにもっともな話である。事実，こう言っただけでは何ごとも語ってはいないのであって，何もわからないのが当然である。

この N は，今までのところ，いかなる構造をももっていない雑然たる記号の集まりであって，いわば材料置場にうず高くつみ上げられた建築材料のようなもので，設計図もなければ足場もなく，どんな建物が立つやら皆目，見当がつかないというところである。N は自然数の体系という構造をもつべく予定されているが，今のところ，そのような意味はもっていないのである。

そこで，N を自然数の体系という構造にまで組み立てるには，設計図が必要になる。その設計図に当たるのがペアノの公理である。これはつぎの五つの文章で書き表わされているので，公理系といったほうがよいかもしれない。

① ── 1 は N に属する。

② ── N に属する任意の a に対して，a^+ で表わされるものが，やはり，N に属する。a^+ を a の後続者と名づける。

③ ── 1 はいかなる a の後続者にもなれない。

④ ── $a^+ = b^+$ ならば，$a = b$，つまり，二つの異なった N の要素が同一の後続者をもつことはあり得ない。

⑤ ── N のある部分集合 M が，

㋐ ── 1 をふくみ，

⑤ a をふくむなら，かならず a^+ をふくむ

ならば，M は N と一致する。

これが，いわゆるペアノの公理(少し表現をかえた)であるが，これについていくらかの説明を加えておこう。

①にのべてある1は，今のところ，これまでよく知っている1とは同じではなく，かくし芸大会における皮切り役のようなものである。あとで，それを普通の1と同じにみなしてもよいことが判明する。

②の a^+ はかくし芸大会にでてくる〝おつぎの番〟である。a のつぎの番が a^+ なのである。これまでに知っている自然数からみると，$a+1$ と書きたいところであるが，今のところ，N には加法＋という演算はどこにも定義されていないので，$a+1$ と書きたくても書けないわけである。

③は1が他の数の後続者でないことを物語っている。しかし，今のところ，1がそのような唯一の数であるかどうかはわからない。しかし，あとではわかってくる。

④の $a^+=b^+$ であったら，$a=b$ であるというのであるから，N のなかに $x \longrightarrow x^+$ という対応もしくは写像を考えたら，それが1対1であることを意味している。ただし，写った先の要素の集合には1はふくまれていないから，N 全体ではない。

⑤は，いわゆる数学的帰納法の原理と同じものである。数学的帰納法というのはつぎのようなものであった。自然数をふくめたある命題 A があったとき，A は，$n=1$ に対して成立し，n に対して成立すると仮定すると，その仮定を使って $n+1$ にも成立することが証明できたら，A はすべての n について成立する，というのである。この定理はパスカル(1623-1662年)がはじめて「数三角形論」(「パスカル全集」第1巻所収・人文書院)において利用してから数学研究の強力な武器となった。なお，数学的帰納法はパスカルより前にマウロリクス(1494-1575年)が発見していたという説もあるが，最近，フロイデンタールがくわしく検討した結果，マウロリクスの書いているのは，今日の数学的帰納法ではなく，やはり，パスカルを真の発見者とみなすべきであると主張している。

それはさておき，この⑤がどうして数学的帰納法と同じになるかというと，つぎのように考えればよい。A が成立するような n の集合を M とする。⑤によると，M は1をふくみ a とともに a^+ をふくめたから，M

＝N となり，したがって，A はすべての N の要素について成り立つことがわかる。つまり，⑤は表現は少しちがっているが，数学的帰納法の原理と同じである。

●──準備的な定理

①から⑤の公理によって組み立てられた集合が，われわれにとって馴染み深い自然数の体系と同じ構造をもっていることを，つぎつぎに明らかにしていくことにしよう。

まず，二つの要素の〝和〟を考えることになるが，そのさい，断わっておきたいことは，この和はあくまで添加の和に近いものであって，合併の和とは縁遠いということである。和を考えるまえに，いくつかの準備的な定理が必要になってくる。

定理 1──$x \neq y$ ならば，$x^+ \neq y^+$ である。
証明──背理法による。$x^+ = y^+$ とすると，④によって $x = y$ となるはずだから，仮定に反する。だから，どうしても $x^+ \neq y^+$ とならねばならぬ。

定理 2──すべての x について，$x^+ \neq x$ である。
証明──〝後続者〟という名前から判断すると，x が自分自身の後続者となることは起こり得ないことのように思えるが，元来，名前は仮りにそう定めただけのものであるから，名前は証明にはならない。証明はあくまで①から⑤の公理にもとづいて行なわれねばならぬ。
まず，$x^+ \neq x$ となるような要素全体の集まりを M としよう。
ⓐ──1 はいかなる要素の後続者にもなれないから，もちろん，1 自身の後続者ではない。
$$1^+ \neq 1$$
したがって，M は 1 をふくむ。
ⓑ──$x^+ \neq x$ のとき，定理1によって $(x^+)^+ \neq x^+$。したがって，M が x をふくむとき，x^+ をもふくむ。
だから，⑤によって M は N 全体と一致する。

定理 3──1 でない N の要素 x はある他の要素の後続者である。すなわ

ち，$x \neq 1$ ならば，$x=n^+$ となる n が存在する。

証明——M は 1 と $x=n^+$ なる x 全体の集まりとしよう。このとき，

ⓐ——1 はもちろん M に属する。

ⓑ——x が M に属するとすると，
$$x=n^+$$
このとき，ふたたび＋をつくると，
$$x^+=(n^+)^+$$
つまり，x^+ は n^+ の後続者である。

だから，⑤によって M は N 全体と一致する。だから，1 でない N の要素は，すべてある他の要素の後続者である。

●——加法の結合法則と交換法則

定義 1——つぎの式で定義された＋を加法と名づける。任意の x に対して，

ⓐ——$x+1=x^+$

ⓑ——$x+y^+=(x+y)^+$

ここで，$x+y$ を x と y の和と名づける。

定理 4——N に属する任意の x, y に対して，$x+y$ は，ただ一通りに定まる。

証明——$x+y$ の定義された y 全体の集合を M とする。

①——M は，もちろん $x+1=x^+$ から 1 をふくむ。

②——M が y をふくめば，$x+y$ が N のなかに存在し，したがって，$(x+y)^+$ も N の中に存在する。これが，
$$x+y^+=(x+y)^+$$
であるから，$x+y^+$ が定義されていることになる。したがって，M は y^+ をふくむ。

また，$x+y$ は唯一に定まることを示そう。$a(y)$, $b(y)$ は，
$$a(1)=x^+=b(1)$$
$$a(y^+)=a(y)^+ \qquad b(y^+)=b(y)^+$$
となるような二つの関数とする。ここで，$a(y)=b(y)$ となるようなすべての y の集合を M とする。ここで，
$$a(1)=b(1)=x^+$$

であるから，M は 1 をふくむ。
また，M が y をふくめば，$a(y)=b(y)$ から
$$a(y)^+ = b(y)^+$$
となる。したがって，
$$a(y^+)=b(y^+)$$
つまり，M は y^+ をふくむことになる。だから，⑤によって M は N と一致する。つまり，すべての y について $x+y$ はただ一つに定まる。

定理 5——加法の結合法則
$$(x+y)+z=x+(y+z)$$
証明—— x と y を固定し，上の定理の成り立つような z 全体の集合を M とする。
ⓐ——$(x+y)+1=(x+y)^+=x+y^+=x+(y+1)$
つまり，M は 1 をふくむ。
ⓑ——M が z をふくむと仮定すると，
$$(x+y)+z=x+(y+z)$$
$$(x+y)+z^+ = \{(x+y)+z\}^+ = \{x+(y+z)\}^+ = x+(y+z)^+$$
$$=x+(y+z^+)$$
すなわち，M は z^+ をふくむ。
⑤によって M は N と一致する。すなわち，あらゆる z に対して
$$(x+y)+z=x+(y+z)$$
が成立する。

定理 6——加法の交換法則
証明——まず，$1+y=y^+$ を証明しよう。このような y 全体の集合を M とする。
ⓐ——$1+1=1^+$ であるから，M は 1 をふくむ。
ⓑ——M が y をふくむと，
$$1+y^+=(1+y)^+=(y^+)^+$$
であるから，y^+ をもふくむ。ゆえに M は N と一致する。すなわち，すべての y に対して，
$$1+y=y^+$$

一方，$y+1=y^+$ であるから，
$$1+y=y+1$$
つぎに y を固定し，$x+y=y+x$ の成立するすべての x の集合を M とする。

ⓐ——上のことから M は 1 をふくむ。

ⓑ——M が x をふくめば，
$$x+y=y+x$$
$$x^++y=(x+1)+y=x+(1+y)=x+y^+$$
$$y+x^+=(y+x)^+=(x+y)^+=x+y^+$$
したがって，
$$x^++y=y+x^+$$
したがって，M は x^+ をふくむ。だから，M は N と一致する。すなわち，すべての x に対して，
$$x+y=y+x$$
となる。

以上で，加法の結合法則と交換法則を終わったが，このことは何をわれわれに教えてくれるだろうか。つまり，添加から出発すると，加法の結合法則と交換法則の証明がひどく複雑なものになることがわかる。それはけっして自明なものではないのである。交換法則のほうが結合法則よりは後にくるが，それは当たり前である。なぜなら，$x+y$ と $y+x$ はまるで異質の計算なのである。

$x+y$ を添加で考えると，x はもとから動かないで存在するのに対して，y はそれにつけ加えられるので動いている数である。ところが，$y+x$ になると，y がもとからある動かない数であるのにくらべると，こんどは x のほうが動く数になる。このように添加という立場からみると，$x+y$ と $y+x$ はまるで意味のちがった数であって，それが等しくなるということはかなり不思議な定理であるといってもよい。だから，加法には添加からはいっていく，という考え方は教育的には賢明な方法ではないのである。

ところが，合併からはいっていくと，そういう困難はない。合併では $x+y$ における x も y もまったく平等のものとみられるので，$y+x$ に等

しいことは自明になってくる。

$$(x+y)+z=x+(y+z)$$

も、やはり自明であるといってよいだろう。

もう一つ、添加が教育的に困ることは、連続量への拡張ができないことである。a から後続者 a^+ をつくる操作は連続量には適用されない。3g のつぎにある重さは存在せず、4g でもなく、3.5g でもなく、3.01g でもない。いくらでも細分できるために、つぎの重さなるものは存在しない。だから、小学校の段階で加法を添加によって導入することは避けたほうがよい。

●――加法の定理

さて、本論にもどることにしよう。

定理2で、$x^+ \neq x$ を証明したが、これは書き直すと、

$$x+1 \neq x$$

となる。この式のなかの1を一般化して y としても、やはり上の不等式は成立する。

定理7――$x+y \neq y$　　$x+y \neq x$

証明――x を固定して $x+y \neq y$ の成立する y 全体の集合を M とする。

ⓐ――$y=1$ とすると、$x+1=x^+ \neq 1$、だから、M は1をふくむ。

ⓑ――M が y をふくめば、$x+y \neq y$、定理1によって、$(x+y)^+ \neq y^+$、したがって、$x+y^+ \neq y^+$ となる。つまり、M はまた y^+ をふくむ。だから、公理⑤によって N に一致する。つまり、すべての x に対して

$$x+y \neq y$$

ここで、文字を入れかえると、

$$y+x \neq x$$

交換法則で、

$$x+y \neq x$$

定理8――$y \neq z$ ならば、$x+y \neq x+z$ である。

証明――$y \neq z$ という y、z を固定し、$x+y \neq x+z$ となるすべての x の集合を M とする。

ⓐ──$1+y=y^+$, $1+z=z^+$ であり, $y \neq z$ ならば, 定理1によって $y^+ \neq z^+$ となり, $1+y \neq 1+z$ となる。だから, M は 1 をふくむ。

ⓑ──M が x をふくめば,
$$x+y \neq x+z$$
$$(x+y)^+ \neq (x+z)^+$$
$$x^+ + y \neq x^+ + z$$

だから, M はまた x^+ をふくむ。ゆえに公理⑤によって M は N 全体と一致する。すなわち, すべての x に対して
$$x+y \neq x+z$$
が成り立つ。

定理 9──任意の二つの x, y に対して, つぎの三つのばあいのうちの一つが成立する。そして, 一つに限る。

㋐── $x=y$

㋑── $x=y+n$ なる n が存在する。

㋒── $y=x+v$ なる v が存在する。

証明──㋐と㋑は両立できない。なぜなら, 定理7によって,
$$y+n \neq y$$
だからである。

㋐と㋒も同様である。

㋑と㋒は,
$$x=y+n=(x+v)+n=x+(n+v) \neq x$$
これは矛盾であるから両立しない。

つぎに, x を固定し, ㋐㋑㋒のうちの一つが成立するような y 全体の集合を M とする。

ⓐ── $y=1$ ならば, $x=1$ のときは, $x=y$ である。

$x \neq 1$ ならば, 定理3によって $x=n^+$ なる n が存在する。したがって,
$$x=n+1=1+n=y+n$$
となる。これは㋑である。

ⓑ── y が M にふくまれるものとする。

㋐のときは,
$$x=y$$

$$y^+ = y+1 = x+1$$

これは y^+ について㋐である。

㋑のときは，
$$x = y+n$$

ここで，$n=1$ ならば，
$$x = y+1 = y^+$$

となる。これは y^+ について㋐である。

$n \neq 1$ ならば，定理3によって $n = w^+$ なる w が存在するから，
$$x = y+n = y+w^+ = y+(w+1) = y+(1+w) = (y+1)+w$$
$$= y^+ + w$$

これは y^+ について㋑である。

いずれにしても M は y^+ をふくむ。つまり，M は N 全体と一致する。だから，すべての y に対して定理は成り立つ。

このような n, v は，ただ一通りに定まるから，このような n, v は x, y の差を定めるものと考えてよい。

これまでの定理の証明で常に使われるのは公理5であることに気づいた人も多いだろう。証明はつぎのような定石にしたがって進行する。

〝まず，公理1に帰る。そこから公理5を使ってすべての N について拡張していく〟

ペアノの公理の拡張

●——ペアノの公理と算数教育

さきに述べた五つの公理の体系，すなわち，ペアノの公理があると，自然数のすべての性質を引き出すことができる。そして，それは"後続者"の考えにもとづいていた。

後続者は"おつぎの番"をつくる操作だから，必然的に順序をもとにした理論になり，したがって，$a+b=b+a$ という交換法則は自明のものではなくなる。だから，これを教育にそのままもちこむと，欠陥がおこってくるのである。もし，子どもにとって 2+3 と 3+2 とが等しいことが自明でなかったら，算数教育はひどくやっかいなものとなるだろう。

加法を合併ではなく添加で導入しようという主張もあるが，こういう主張は，まさにそういう欠陥を内包しているのである。加法を添加で導入するといいながら，"数え主義"には反対だといっている人もいるらしいが，これは自己矛盾であるというほかはない。なぜなら，数え主義は，たんに数詞をマル暗記させることだけではなく，自然数を直線的な線型順序としてとらえる考え方にもとづいているからである。これは数詞を教えなくても，数え主義の親に当たるものというべきであって，"だんまりの数え主義"なのである。

私がペアノの公理のあらましをのべるのも，これを数学教育の基礎にせよ，といっているのではなく，まさに正反対であって，数学教育の出発点としては不適当であることを示したいためである。

もうひとつのペアノの公理のもつ大きな欠陥は，そのなかに"十進的構

造〟が少しも織りこまれていない，ということである。〝十ずつ束にする〟という十進的構造の原理は，低学年では避けて通ることのできない問題点のひとつであるが，これはペアノの公理のどこにもない。ペアノの公理は二進でも五進でも十進でも，そういうこととは無関係である。このことは数え主義のもっている矛盾であって，数え主義を克服しないかぎり，その矛盾を根本的に解決することはできないはずである。

数え主義の立場から加法をみると，それは当然〝数えたし〟になり，減法は〝数えひき〟になる。7＋5 は，

$$7 \longrightarrow 8 \longrightarrow 9 \longrightarrow 10 \longrightarrow 11 \longrightarrow 12$$

7から後続者の8，8の後続者9……というようにつづけて，5回後続者をつくったものが12になるのである。つまり，記号で書くと，

$$7^{+++++}=12$$

なのである。だから，もし子どもが，〝いち，に，さん，し，……〟という数詞をマル暗記していてくれたら，7から〝はち，く，じゅう，じゅういち，じゅうに〟と，その記憶された数詞の上を進行することによって〝12〟という答えを出そうというのが〝数えたし〟の考えなのである。

これはこれでいちおうつじつまがあっているように思える。しかし，ここには重要な問題がかくされている。それは数詞の構造そのものが，けっして線型順序によっていないということである。つまり，数詞の構造そのものが十進的構造になっているということである。〝はち，く，じゅう〟まではいいとして，そのつぎに別の新しい数詞が創り出されるのではなく，〝じゅういち〟となって，〝いち〟がもういちど繰り返されることになっている。このように，数詞を暗記するとしても，それができるには十進的構造がわかっていなければならない。ここにひとつの循環論が潜んでいるわけである。この矛盾は，少し大きな数を加えるときにはどうしても避けることができなくなってくる。

たとえば，47＋25ということになると，〝47，48，……〟といって，25回後続者をとっていくことは事実上はできない相談であるし，また，バカ正直にそういうことをやったとしても，どこかで数えちがいをするにちがいない。つまり，数えたしの方法は，少し大きな数になると，実行不可能なのである。

この難問をどう解決するか。そのためには大まかにいうと，二つの道が

ある。

①──できるだけ早く筆算に移行する。
②──頭加法の暗算に深入りする。

前者の方向をとったのは黒表紙であり，後者は緑表紙であった。

●──数え主義と頭加法

周知のように，藤沢利喜太郎は数え主義を表看板にかかげてはいたが，結果においてはそれほど深入りしてはいないのである。つまり，大きい数の加法はできるだけ筆算にきりかえるだけの賢明さをもっていたといえる。筆算は十進的構造をはっきりと利用しなければ不可能なのであるから，そこからは実質的には数え主義を要領よくぬぎ棄てたといってもよい。もちろん，藤沢は十進的構造を子どもにはっきりとつかませるようなシェーマを何ひとつ提示していないので，大多数の子どもは十進的構造抜きで筆算をやらされる，という結果になったのである。しかし，ともかく正しい答えだけは出せたのであろう。

ところが，緑表紙は②の暗算に深入りすることによって，この困難を切り抜けようとした。おそらく大正の終わりごろから暗算の必要性が声高く叫ばれるようになって，暗算がにわかに脚光を浴びるようになった。これは，たぶんドイツあたりの影響によると思われるが，そのことははっきりと書かれてはいない。しかし，ドイツの暗算主義と酷似している点から考えると，ドイツから密輸入して，あたかも自分の独創であるかのように偽ったのではないかと思われる。日本の数詞の合理性を利用した暗算というと，何となく国粋主義のにおいがするが，種はドイツ製ではなかったかと疑われる。

たしかに 47＋25 は，ひとつひとつバカ正直に数えたしていったのでは間尺に合わない。そこで，十ずつ飛ぶことが工夫されるようになる。つまり，

$$47 \longrightarrow 57 \longrightarrow 67$$

と十ずつ飛ばして数え，そのあとで 5 をたせば，72 という答えが得られるという寸法である。ひとつずつ数えたしていく方法が各駅停車の鈍行列車だとすると，これは十ごとに停車する急行列車のようなものである。

つまり，
　　　　47——→57——→67
と急行でいき，その後は鈍行にのりかえて，
　　　　67——→68——→69——→70——→71——→72
といくことになる。これをもう少し速くしたければ，特急にして，
　　　　47——→57——→67
のかわりに，いちどに20だけとばして，
　　　　47——→67
として，そのあとで5をたすほうがよい。
　　　　67——→72

つまり，47＋25を47＋20＋5というように頭から加えればよい，ということになってくる。このようなすじ道から頭加法が生まれてきたものと思われる。

こういう考えのもとは数え主義である。ただ鈍行を急行もしくは特急式の数え足しにしただけである。緑表紙の作者は数え主義を克服したと誇っているが，こう見てくると，克服したのではなく，部分修正しただけのことである。修正した個所はいくぶんか改善されてはいるが，そのかわりに暗算偏重の袋小路に迷い込んでしまい，そのために日本の算数教育を誤った方向に引きずって行く結果となった。

●——乗法と負数

ペアノの公理にもとづいて乗法を定義するにはどうしたらいいだろうか。それもやはり後続者による。

① —— $x \cdot 1 = x$
② —— xy まで定義されているとして，それにもとづいて xy^+ をつぎのように定義する。
　　　$xy^+ = xy + x$

ここですべての y について $x \times y$ が定義されたことになるのである。この定義から，
　　　$(xy)z = x(yz)$
　　　$xy = yx$

$$x \cdot (y+z) = x \cdot y + x \cdot z$$

を導き出すことができるが，これは読者におまかせしよう。
　この定義について注意すべき点は加法にもとづいて乗法を定義していることである。これも量ではなく順序にもとづく以上，当然のことといえる。もうひとつの注意すべき点は $x \cdot 1$ からはじめている点であろう。歴史的には自然数のつぎに生まれたのは分数や小数であったが，今日の立場からは，自然数のつぎには 0 や負の整数をつけ加えて整数に移るほうがよい。
　整数というのは，いうまでもなく，

$$\{\cdots\cdots, -3, -2, -1, 0, +1, +2, +3, \cdots\cdots\}$$

である。それでは，すでに知っている自然数，

$$\{+1, +2, +3, \cdots\cdots\}$$

から，0 や $-1, -2, -3, \cdots\cdots$ という新しい数をどのようにして創り出すかということがつぎの課題になってくる。
　これまでのやり方では，借金や量の減少などのように現実の量からマイナスの数を引き出すのが普通であったし，それが教育的には正しいと思われる。しかし，量ではなくペアノの公理で構造化された自然数を踏み台として，マイナスや 0 という新しい数を創り出すにはどうしたらいいだろうか。そのためには，まず二つの自然数の組を考えるのである。

$$(a, b)$$

これなら量の背景なしにも無造作に考えることはできる。もちろん，a, b を二つならべて書いたということ以外には何もわからない。しかし，今のところ，それでいいのである。(a, b) が何を意味するかは後になってはじめてわかるので，それまで待ってもらいたい。

●──反射律・対称律・推移律

このような (a, b) 全体の集まりを考え，そのような二つの $(a, b), (a', b')$ が，

$$a + b' = a' + b$$

という条件を満足するとき，

$$(a, b) \sim (a', b')$$

という記号で表わす。これは同値(equivalent)といわれる関係である。そ

して，つぎのような三つの条件を満たす。

① ――$(a, b) \sim (a, b)$ ――反射律

これは $a+b=a+b$ であるから当然である。

② ――$(a, b) \sim (a', b')$ ならば，$(a', b') \sim (a, b)$ となる。――対称律

$(a, b) \sim (a', b')$ ならば，
$$a+b'=a'+b$$
となる。だから，
$$a'+b=a+b'$$
となる。これを書き直すと，つぎのようになる。
$$(a', b') \sim (a, b)$$

③ ――$(a, b) \sim (a', b')$, $(a', b') \sim (a'', b'')$ ならば，つぎのようになる。
$$(a, b) \sim (a'', b'') \text{――推移律}$$

証明するには，$(a, b) \sim (a', b')$, $(a', b') \sim (a'', b'')$ ならば，

$$+\ \dfrac{\begin{matrix} a+b'=a'+b \\ a'+b''=a''+b' \end{matrix}}{a+(b'+a')+b''=a''+(a'+b')+b}$$

両辺には $(b'+a')=(a'+b')$ が加わっているから，それを消去しても等式が成り立つから，
$$a+b''=a''+b$$
となる。つまり，つぎのようになる。
$$(a, b) \sim (a'', b'')$$

このように，反射律・対称律・推移律がすべて成立するから，この～という関係によって，(a, b) 全体が同値なものの類に分かれる。この類どうしのあいだに加法を導入してみよう。
$$(a, b)+(c, d)=(a+c, b+d)$$
これが加法の定理であるが，このような加法は，類に対して不変なのである。具体的にいうと，
$$(a, b) \sim (a', b')$$
$$(c, d) \sim (c', d')$$
のとき，
$$(a, b)+(c, d) \sim (a', b')+(c', d')$$

となるのである。これを証明するには，
$$(a+c)+(b'+d')=(a'+c')+(b+d)$$
という等式が成立することを確かめればよい。
$$(a+c)+(b'+d')=(a+b')+(c+d')$$
$$=(a'+b)+(c'+d)=(a'+c')+(b+d)$$
このような+の定義された構造をGと名づけよう。このように類のあいだの加法を定義すると，それが交換法則や結合法則を満足することは容易に証明できるが，それは読者にまかせることにしよう。

ここでとくに注意すべきことは，任意の(a, b), (c, d)に対して，
$$(a, b)+(x, y)\sim(c, d)$$
となるような(x, y)がつねに発見できることである。これを式にかくと，
$$(a+x, b+y)\sim(c, d)$$
となり，
$$a+x+d=b+y+c$$
となるようなx, yを発見すればよいわけであるが，そのためには，
$$x=b+c$$
$$y=a+d$$
とおけばよい。このようにして求められる(x, y)を，
$$(c, d)-(a, b)\sim(x, y)$$
と書き表わすことにすると，このような類のあいだには，減法が無制限に行なわれることがわかった。これはもとの自然数にはなかった性質である。自然数の体系のなかでは，加法は自由に行なわれたが，減法は自由ではなかった。たとえば，
$$5+x=3$$
を満たすxは存在しなかった。

●――0と負数

このような新しくつくり出された体系は，今までのところ自然数とは別の体系で，共通部分はひとつももってはいない。しかし，自然数の構造Nと同型の構造をもった部分構造をGのなかに発見することはできる。それは，Nの中のaと，Gのなかの$(a+x, x)$という類を対応させる

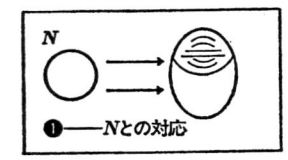

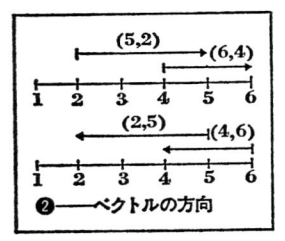

ことである。
$$a \longleftrightarrow (a+x,\ x)$$
$$b \longleftrightarrow (b+x',\ x')$$
$$a+b \longleftrightarrow (a+b+x+x',\ x+x')$$

つまり，和は和に対応するのである。
このように，N と対応するのは(大，小)という形の G の要素だけで，(小，大)(同，同)という形のものは N とは対応しないことがわかる——図❶。つまり，$(x,\ a+x)$，$(x,\ x)$は N とは対応しない。このような$(x,\ x)$は，
$$(a,\ b)+(x,\ x)=(a+x,\ b+x) \sim (a,\ b)$$
で，0と同じ役割を演ずる。これを新しい0で表わしてもよいだろう。そうすると，
$$(a,\ b)+(b,\ a)=(a+b,\ b+a)=0$$
で，$(a,\ b)$と$(b,\ a)$は反数の性質をもつ。だから，$(x,\ a+x)$は$-a$と表わしてもよいだろう。
$$(a+x,\ x) \rightleftarrows a$$
$$(x,\ x) \rightleftarrows 0$$
$$(x,\ a+x) \rightleftarrows -a$$

このように新しい0や$-a$を定義すると，それが，いわゆる0やマイナスと同じ役割を演ずるものになる。

このようにする N という構造と N のなかに定義されている＋という演算だけから G という新しい構造が創出されたわけである。この G が，
$$\{\cdots\cdots,\ -3,\ -2,\ -1,\ 0,\ +1,\ +2,\ +3,\ \cdots\cdots\}$$
と同型の構造となることはすでに見たとおりである。N から G を導き出すには量ということは考える必要はなかったのである。まったく形式的に N から G が組み立てられたのである。

しかし，そうはいっても，後から$(a,\ b)$に意味づけすることはできる。それは$(a,\ b)$をbからaに向かうベクトルと考えることである——図❷。そう考えると，$(5,\ 2)$は右向き，$(2,\ 5)$の左向きになっていることがわかる。本来，$(a,\ b)$は$a-b$であるが，$a<b$のときはまだ$a-b$ができ

ないので，(a, b)のままにしておくのだと考えてもよい。
$$a-b=c-d$$
のとき，$(a, b)\sim(c, d)$なのであるが，-はできないこともあるので，+だけの式
$$a+d=b+c$$
で同値を定義するのである。種明かしをすると，こういうことになるだろう。

有理数の創出

●——**有理数のつくり方**

これまで自然数，すなわち，正の整数から出発して0や負の整数をつくり出す方法をのべた。ここでも繰りかえして注意しておくが，この方法が教育的にも好ましいものである，など言うのではけっしてない。むしろその逆で，こういう方法はけっして望ましいものではないのである。負数を何かひとつのもの，つまり，ひとつの実体としてつかまえるかわりに，二つの自然数の関係としてつかませる，というのであるから，それははじめて負数を学ぶ子どもにとって，けっしてわかりやすくはないのである。

つぎにのべる有理数(正負の整数，0，正負の分数を総称した数)をつくり出す方法も，やはり，けっしてわかりやすいものではない。これは連続量というものなしで分数を定義しようという試みであって，今日の，いわゆる割合分数の源になっているといえる。したがって，これはクロネッカーの流儀につながるものといってよい。

まずはじめに，整数の集合Iを考えよう。

$$I = \{\cdots\cdots, -3, -2, -1, 0, 1, 2, 3, \cdots\cdots\}$$

このときのマイナスの数は，いままでのやり方でいうと，やはり二つの自然数の組であるから，-3は，

(1, 4), (2, 5), (3, 6), (4, 7), ……

等で表わされる数の組であって，それを-3と書いたものである。しかし，いつまでも二つの数の組で書くのはわずらわしいから，-3と書く。

このⅠのなかの二つの要素 a, b をとってきて，こんども，やはりその組をつくる。

$$(a, b)$$

これは $\frac{a}{b}$ という分数を念頭においているのだが，量という考えを放逐しているので，連続量に結びつけて理解するわけにはいかない。そこで，"分子"と"分母"の a, b を，ただ並べて書いておくことにする。これは分数を分子と分母という二つの整数の関係としてとらえさせようとする割合分数の考えかたによく似ていることに気付くであろう。

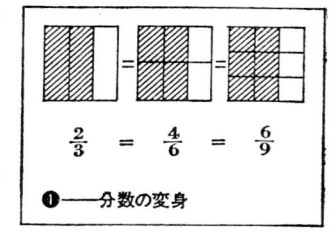

ここで，分母というより，その候補者である b は0ではないと仮定しておく。

まずはじめに，出発点に当たるⅠはどのような性質をもっているか，ということを要約してみよう。

① ―― Ⅰの任意の二つの要素の和・差・積は，また，Ⅰの要素である。
② ―― 加法・減法・乗法については結合法則・交換法則・分配法則が成り立つ。
③ ―― 0でない二つの要素の積は0ではない。

ここで，まず分数のもっている重要な性質が (a, b) にどのように定式化されるかを考えてみよう。

第1に，$\frac{4}{6} = \frac{6}{9} = \cdots\cdots$ というような性質である。つまり，形はちがっても，分数は等しいという性質である。これは"分母と分子に同じ数をかけても分数の値は変わらない"ということである。

分数を連続量の抽象的表現であるとみるならば，この法則は証明することができる。たとえば，タイルを使って図❶のようにやればよい。

こういうことができるのは，分数が量という意味づけをもっているからである。

しかし，量を追い出してしまったら，何の手がかりもないから，こういう証明はできない。だから，この法則はひとつの約束として新しく外からもちこんでこなくてはならない。

●───＝と〜の意味と，その使い方

ところで，
$$\frac{a}{b}=\frac{c}{d}$$
という式であるが，Iのなかでは除法が今のところは定義されていないので，この形の式は意味がない。そこで分母をはらった形にしておく。
$$ad=bc$$
Iのなかには乗法は定義されているので，これなら意味がある。このようなとき，(a, b)と(c, d)は等しいとみなすのである。ここで，
$$(a, b)=(c, d)$$
と書いてもよいが，ここでは＝を避けて，〜という記号を使う。
$$(a, b)〜(c, d)$$
＝は$(a, b)=(a, b)$というように，aもbも等しい場合に使うことにしておく。ここで，まず証明しなければならないことは，(a, b)が自分自身に等しい，ということである。これはけっして自明ではない。$ad=bc$の式から導き出す必要がある。cのかわりにa，dのかわりにbとおくと，
$$ab=ba$$
となるから，
$$(a, b)〜(a, b)$$
がいえる。

つぎは$(a, b)〜(c, d)$から$(c, d)〜(a, b)$がいえるかどうかである。
$$(a, b)〜(c, d) \longrightarrow ad=bc \longrightarrow bc=ad \longrightarrow cb=da$$
$$\longrightarrow (c, d)〜(a, b)$$
つぎに，$(a, b)〜(c, d)$，$(c, d)〜(e, f)$から$(a, b)〜(e, f)$をだしてくることである。
$$(a, b)〜(c, d) \longrightarrow ad=bc \longrightarrow adf=bcf \longrightarrow (af)d=b(ed)$$
$$\longrightarrow (af-be)d=0$$
ここで，積が0であるためには，少なくともひとつの因数が0でなければならないし，$d \neq 0$であるから，つぎのようになる。
$$af-be=0 \longrightarrow af=be \longrightarrow (a, b)〜(e, f)$$
これだけのことを証明しておくと，〜は＝と同じように使うことができる。

① ── $(a, b) \sim (a, b)$
……… $X = X$
② ── $(a, b) \sim (c, d) \longrightarrow (c, d) \sim (a, b)$
……… $X = Y \longrightarrow Y = X$
③ ── $(a, b) \sim (c, d), (c, d) \sim (e, f)$
$\longrightarrow (a, b) \sim (e, f)$
……… $X = Y, Y = Z \longrightarrow X = Z$

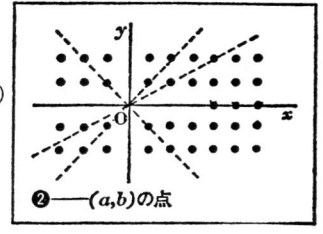

❷ ── (a,b)の点

ここで①を反射律(reflexive law), ②を対称律(symmetric law), ③を推移律(transitive law)という。この三つの公式が同時に成り立つような～は，普通の＝と同じに計算していくことができる。

また，すべての(a, b)（ただし$b \neq 0$）の集合を同値なものの部分集合に分けると，たがいに共通部分のない部分集合に分けられる。これを＝で分けると，ひとつひとつの要素が部分集合になるような極端に細かい分け方になるが，＝よりゆるやかな～は，それより粗い分け方になる。

● ── 加法と 0

このように，ある集合をたがいに共通部分のない部分集合に分けることを類別といい，そのおのおのの部分集合を類(class)という。学校の生徒をクラスに分けるのも，やはりそのような分け方の一種である。

(a, b)は図示すると──図❷，y 軸上の点を除く格子点になるが，O点を通る一直線上にのっている点は，すべて同じ類に属している。このひとつの類がひとつの分数を代表しているわけである。

まず，加法を定義してみよう。

$$(a, b) + (c, d) = (ad+bc, bd)$$

これは，

$$\frac{a}{b} + \frac{c}{d} = \frac{ad+bc}{bd}$$

を

$$(a, b) + (c, d)$$

になおして，それをひとつの約束として導き入れたのである。この点にかんしても量は表面にはでてこない。

つぎに，このようにして定義した加法について，辺々加える計算ができるかどうかを確かめてみることにしよう。

$$(a,\ b)\sim(a',\ b')$$
$$(c,\ d)\sim(c',\ d')$$
から，
$$(a,\ b)+(c,\ d)=(a',\ b')+(c',\ d')$$
がでてくるかどうか，ということである。
$$(a,\ b)+(c,\ d)=(ad+bc,\ bd)$$
$$(a',\ b')+(c',\ d')=(a'd'+b'c',\ b'd')$$
ここで，
$$(ad+bc)b'd'=(a'd'+b'c')bd$$
を証明すればよい。
$$(ad+bc)b'd'=adb'd'+bcb'd'=(ab')(dd')+(cd')(bb')$$
$$=(a'b)(dd')+(c'd)(bb')=(a'd'+b'c')bd$$
ここで，
$$(ad+bc,\ bd)=(a'd'+b'c',\ b'd'),$$
つまり，
$$(a,\ b)+(c,\ d)\sim(a',\ b')+(c',\ d')$$
が証明されたことになる。

つぎに，0を定義するのであるが，0は他の要素に加えて，それを変えない要素であるから，
$$(a,\ b)+(c,\ d)\sim(a,\ b)$$
つまり，
$$(ad+bc,\ bd)\sim(a,\ b)$$
$$(ad+bc)b=bda$$
$$b^2c=0,\ b\neq 0$$
であるから，
$$c=0$$
となる。ところで，$(0,\ b)$という形の要素は，すべて互いに同値である。
$$(0,\ b)\sim(0,\ b')$$
なぜなら，$0 \cdot b'=b \cdot 0$ だからである。つまり，$(0,\ b)$ という要素が 0 に当たるのである。ここで，
$$(a,\ b)+(-a,\ b)=(ab-ba,\ b^2)=(0,\ b^2)$$
であるから，$(-a,\ b)$は $-(a,\ b)$ とみてよい。

● ── 減法と乗法

減法は，$-(a, b)$を加えるものと定義すれば，加法と同様に扱うことができる。このような加減法について，結合法則・交換法則が成立することはいうまでもない。

$$\{(a, b)+(c, d)\}+(e, f)=(a, b)+\{(c, d)+(e, f)\}$$
$$(a, b)+(c, d)=(c, d)+(a, b)$$

また，

$$(a, b)+(-a, b)=0$$

で，

$$(a, b)+(c, d)=(e, f)$$

ならば，

$$(a, b)=(e, f)+(-c, d)$$

となる。これらの規則は定義に帰って忠実に計算していけば証明できるので，それは読者におまかせしよう。

つぎは乗法であるが，これは分数の乗法を思い出せば，

$$(a, b)(c, d)=(ac, bd)$$

と定義すればよいことがわかる。ここで，

$$(a, b)\sim(a', b') \quad (c, d)\sim(c', d')$$

から

$$(a, b)(c, d)\sim(a', b')(c', d')$$

を導けばよい。

$$(a, b)(c, d)=(ac, bd)$$
$$(a', b')(c', d')=(a'c', b'd')$$
$$(ac)(b'd')-(a'c')(bd)=(ab')(cd')-(a'b)(c'd)$$
$$=(ab')(cd')-(ab')(cd')=0$$

だから，

$$(ac, bd)\sim(a'c', b'd') \longrightarrow (a, b)(c, d)\sim(a', b')(c', d')$$

となる。つまり，$\sim$は辺々かけ合わせてもよいのである。

そこで，つぎに，乗法の結合・交換の法則を証明しなければならないが，加法はやさしいので読者にまかせよう。

乗法で重要なのは1である。これは，(c, c)という形のものであることが予想される。その際，1は任意の要素にかけても変わらないものとし

て定義するのである。

$$(a, b)(c, c) = (ac, bc) \sim (a, b)$$

となるからである。だから，

$$(a, b)(b, a) = (ab, ba) \sim 1$$

となる。つまり，

$$(b, a) \sim (a, b)^{-1}$$

となるのである。つまり，$a \neq 0$ のとき，(a, b) の逆数はつねに存在して，それは(b, a)となるはずである。

量なしで分数を定義しようとすると，以上のように，複雑な計算によって証明せざるを得ないのである。だから，割合分数でいこうとすると，こういうことを覚悟しておかねばならない。

代数の系統

●──量・数・文字の結びつき

小学校の算数の中心となるものは量と数であり，とくにその結びつきが重要である。それが代数になると，その上に文字が加わってくる。そこで，量・数・文字という三人の登場人物が舞台に登場してくるので，そのあいだの結びつきがどうしても大きな問題になってくる。

これまで，この三つのものは，量と数の計算や概念形成が一段落してから，その上に文字がつけ加えられるはずのものと考えられていたので，問題は比較的に簡単であった。しかし，ここで，もういちどふり出しにもどって考え直してみると，この三者のあいだの関係はそれほど簡単ではなさそうである。つまり，

$$量 \longrightarrow 数 \longrightarrow 文字$$

という一直線的なものではなく，あるばあいには，

$$量 \longrightarrow 数 \longrightarrow 文字$$

というような形になるかもしれないという疑問がおこってくるのである。換言すれば，数というものが完成する以前にも，文字を導入してきて，それを利用していくほうがよいのではないか，ということになる。具体的には小学校から文字を導入したらどうか，ということになる。この点についてもやはり研究の必要があるだろう。

たとえば，応用問題をやるときも，文字の早期導入のためにいろいろの方法が考えられる。こういう問題がある。

「100gの水に50gの木片を浮かべたら，全体の重さはいくらか？」
これは，
  $100\,\text{g} + 50\,\text{g} = 150\,\text{g}$
で答えがでる。これまでは，この答えがでると，そこでおしまいになって，次の問題に移った。しかし，これだけでは惜しい。このあとで，100gと50gという数値をいろいろに変えて，200gと70gにしても，やはり同じようにできる。
このようにして応用問題のなかの数値をいろいろに変化させてみることによって，ひとつの問題をいくつにも活用することができる。いや，そればかりではなく，数値をいろいろ変化させることで，かえってこの加法性を強く印象づけることができ，それによって一般化への展望を与えることもできるだろう。ここで，
  $200\,\text{g} + 70\,\text{g}$
  $150\,\text{g} + 80\,\text{g}$
    ⋮

などと変化させて，それがどれも＋によって結合させることがよく理解されるだろう。さらに，ここでもういちど飛躍して，$a+b$という文字にまで一般化しておけば，ここで，代数への発展の手がかりが得られる可能性がある。このようにして，文字の早期導入が考えられるが，いつごろからそれができるようになるか，それは実践してみないとわからない。しかし，4年生ぐらいから可能ではないかと思われる。この方法をかりに**数値変化法**と名づけておこう。
このように，数の拡張が十分進行しないうちから文字を並行して教えていくことがおそらく可能であるし，また，必要にもなっていくだろう。それは，もちろん，量が基礎になっているからである。その点で，ダヴィドフの「1年生から代数を[1]」という論文が示唆に富んでいる。この論文は量の重要性を強調している点で，われわれの主張にかなり接近している。ただ，量の体系づけには，まだ到達してはいない。

● ―― 文字の三つの意味と，その教え方
一口に文字といっても，いろいろの意味がある。恒等式のなかにでてく

る文字は一般的な数であるが，これは動いているとは考えないので"定数"とみるべきであろう。また，方程式のなかにでてくる文字は"未知の定数"であって，これも変数とはみなされない。最後に関数$f(x)$のなかにはいってくるxは，これはどうしても"変数"と考えざるを得ないだろう。つまり，大まかにいって，文字にはつぎの三つの意味があるといってよい。

① ───一般の定数───恒等式
② ───未知の定数───方程式
③ ───変数─────関数

これらの区別は，もちろん，ある段階では融合されてしまって，それを統一的につかめるようにならなければならないが，学習の順序からいうと，やはり，段階がなければならない。この三つの意味の文字が一度に押しよせてきたら，生徒は面くらうほかはない。

そこで，この三つの意味に順序をつけて学ばせることが当然，考えられてくる。そのために，

　　　一般の定数 ─→ 未知の定数 ─→ 変数

という順序をもうけるのである。

一般の定数という考え方は，指示代名詞のような性格をもっており，小学校時代から十分，教えられると思われる。この三つの意味のなかではいちばん教えやすいだろう。ところが，未知の定数となると，疑問代名詞のようなもので，やはりむずかしい。それに方程式のなかの文字であるから，逆算的な思考をともなうので困難である。

つぎが変数としての文字であるが，これは，やはり定数としての文字よりむずかしい。それは当然であるが，これについては一言いっておく必要がある。

それはペリーやクライン等の近代化運動のことである。この運動はひとつのムードとして"静的なものは何でもダメで，動的なものは何でもいいのだ"と考える傾向をもっていた。ユークリッド幾何を移動の方法でやろうとし，代数のなかでは関数の考えを重視した。そういう考えは荒らっぽい見方ではすぐれた方法のように見える。しかし，実際に子ども

---

*1 ── ダヴィドフ・駒林邦男訳「1年生から代数を」『ソビエト教育学』通巻8号・明治図書

に教えてみると，静的な考え方をとび越えて，いきなり動的な考え方をもちこむことは，多くの場合は失敗に帰しているのである。

移動の方法もクラインの運動群の考えをもとにして，運動群に対して不変な性質を研究するのがユークリッド幾何学であると規定する立場をすぐさま教育にもちこんだものである。これは理論的にはもちろん正しいし，教育を知らない数学者にはたしかに新しい方法としてもてはやされるような側面をもっている。

だが，この方法は子どもにとってけっしてやさしくはないのであり，教育の方法としては失敗とみられる。その理由はいろいろあるが，もっとも大きな理由は〝静的な方法をとび越えて，いきなり動的な方法をもちこむ〟ことにあるといってよい。

代数でも，動的にやりさえすれば，教育的にもうまくいくとは限らないのである。動的にやろうとして，最初に2元連立1次方程式をグラフで解くことをやってもよくわかるとは限らない。なぜなら，グラフをいくらにらんでも，代数的な解き方のすじ道は少しも考えつけるわけではないからである。加減法で解くにしても，その解き方はグラフからはなれて未知の定数という考え方によって解かれるのである。つまり，ここでは二元論になってくるので，かえって生徒はとまどうのである。

これなども，やはり最初は未知の定数として代数的な解き方をやって，そのあとでグラフによって変数としての意味づけをする，という堅実なやり方をとるべきである。教科書のなかには最初からグラフ解法をもってきているのがあるが，これは感心できない。

●──特殊と一般をどう考えるか

ペリー運動とはまた別の観点から，〝いきなり変数からはいれ〟という主張が近ごろ見うけられるようになった。その考えのおこりは，次のようなものであるらしい。

　　　一般の定数──→未知の定数──→変数

という順序は〈特殊──→一般〉という形になっている。だから，水道方式とは違っている。なぜなら，この人びとによると，〝水道方式は，何でもかんでも一般から特殊にもっていく方法である〟からである。だから，変数からはじめるのがよりすぐれた方法である，というのである。

この考えは二重にまちがっている。第1に，水道方式は，なんでもかんでも〝一般から特殊〟にもっていこうと主張したことはいちどもないのである。

水道方式は，たしかに〝何でもかんでも特殊から一般にもっていく〟という従来の固定観念を打ち破ったことは事実である。しかし，初歩の論理学を知っている人なら，〝何でもかんでも特殊から一般にもってくる〟を否定すると，〝ある場合には特殊から一般へ，ある場合には一般から特殊へ〟となることは明らかである。たとえば，〝この部屋の人はすべて男である〟の否定は，〝この部屋の人はすべて女である〟ではなく，〝この部屋の人は男と女が混ざっている〟となるのと同じである。

水道方式の主張もそのとおりである。せっかちの人が早合点しただけのことである。しかし，かつて数学教育協議会(略称，数教協)のメンバーだった人びとのなかには，〝何でもかんでも一般から特殊にもっていけばよいのだ〟と早合点した人がいるらしいのである。そのいうところは，みなそこからでているようだ。それをあげてみると，次のようになる。

① ── 長さはまっすぐな長さではなく，曲がった長さからはじめる。
── 曲がったものが一般で，まっすぐなものは特殊だから。
② ── 等号ではなく，不等号からはじめる。
── 不等号が一般で，等号は特殊だから(しかし，これはまちがっている)。
③ ── 均等分布ではなく，不均等分布からはじめる。
── 不均等分布が一般で，均等分布が特殊だから。
④ ── 定数からではなく，変数からはじめる。
── 変数が一般で，定数が特殊だから(これもまちがい)。

そのほかにもあるだろうが，みなこの類である。
ところが，〈変数 ──→ 定数〉というのはけっして〈一般 ──→ 特殊〉ではないのである。代数学では，文字ははじめから変数として，この意味をもっていない。だから，
$$a_0 x^n + a_1 x^{n-1} + \cdots\cdots + a_{n-1} x + a_n$$
という式があっても，x は定数を代入することを予想しているわけではない。それは，係数 $a_0, a_1, \cdots\cdots, a_{n-1}, a_n$ によって決定されるひとつの記号にすぎない。つまり，多項式はかならずしも関数ではないのであ

る。だから，変数が一般なのではない。

●——線型と非線型

代数の系統をつくっていくとき，大きな目安になるのは線型と非線型の区別である。線型というのは，"1次"ということの別名である。式としては，

$$a_1x_1 + a_2x_2 + \cdots\cdots + a_nx_n$$

という式がもとになる。この式は，別の意味からは，

$$[a_1, \ a_2, \ \cdots\cdots, \ a_n]$$

というベクトルと，

$$[x_1, \ x_2, \ \cdots\cdots, \ x_n]$$

というベクトルの"内積"である。

ついでながら，この内積というのは，交代数の発見者であるグラスマンがつけた名まえであるらしい。グラスマンは内積といっしょに"外積"というものを定義している。グラスマンの記号によると，

$$[\sum \alpha_r e_r, \ \sum \beta_s e_s] = \sum \alpha_r \beta_s [e_r e_s]$$

であり，外積では，

$$[e_r e_s] + [e_s e_r] = 0$$

$$[e_r e_r] = 0$$

となって，結局，

$$\binom{n}{2} = \frac{n(n-1)}{2}$$

個の成分が得られる。これはベクトルでさえなく，テンソルである。したがって，これを次のように定義するのは明らかにまちがいである。[*1]

内積　$ab = |a||b|\cos(a, b)$

外積　$a \times b = |a||b|\sin(a, b)$

また，つぎのようなのもある。

> a, b の外積は，それらの囲を(「む」の誤植か？)平行四辺形の面積に，正，負の符号をつけたものと考えられる。[*2]

こんなことを書いた人は，外積も内積も同じようにスカラーであると思

い込んでいるらしいが，それはとんでもないまちがいである。内積はスカラーであるが，外積はテンソルである。$n=3$ のときは，

$$\binom{3}{2}=\frac{3(3-2)(3-1)}{2}=3$$

であるから，とくにベクトルと同じになるだけのことである。

少し話がわき道にそれたが，ここではもっぱら内積について考えることにしよう。量の立場からみると，内積は"内包量×外延量"の不均等分布の場合である。これはきわめて広範な意味をもっていて，

$$\sum f(x_i)(x_i-x_{i-1}) \longrightarrow \int_a^b f(x)dx$$

という定積分になる。その意味でも重要なものである。だから，小学校から一貫して，内積の形の式を扱っておくことが肝要であろう。内積

$$a_1x_1+a_2x_2+\cdots\cdots+a_nx_n$$

は，x_1, x_2, ……, x_n に対して1次式であって，しかも，連立1次方程式は内積がある値になるという形の式である。

$$a_{11}x_1+a_{12}x_2+\cdots\cdots+a_{1n}x_n=b_1$$
$$a_{21}x_1+a_{22}x_2+\cdots\cdots+a_{2n}x_n=b_2$$
$$\cdots\cdots\cdots\cdots$$
$$a_{n1}x_1+a_{n2}x_2+\cdots\cdots+a_{nn}x_n=b_n$$

このように，線型代数は内積を中心としているので，累乗はでてこない。したがって，指数法則は必要でない。これまで，文字計算で早くから指数法則をもってきているものがあるが，これは非線型なものを線型のなかに混入させることであり，いたずらに複雑にするだけであって，後まわしにしたほうがよい。

もちろん，線型と非線型の区別が絶対的なものではけっしてない。多項式でも，

$$a_0x^n+a_1x^{n-1}+\cdots\cdots+a_{n-1}x+a_n$$

においては，

$$[a_0,\ a_1,\ \cdots\cdots,\ a_n] \quad \text{と} \quad [x^n,\ x^{n-1},\ \cdots\cdots,\ x,\ 1]$$

の内積と考えてもよいのである。だから，最初のうちは，この二つを区別して指導し，あとで融合するようにしたほうがよいだろう。

---

*1──横地清「ベクトルにおける三角関数」『数学教育』1963年1月号・18ページ・明治図書
*2──『月刊・すうがく』1963年6月号・76ページ・啓林館

解説——榊忠男

● ——遠山先生と数学教育と私

　私が数学教育協議会(略称，数教協)に入会したのは1959年の8月に開かれた"数教協・第7回全国大会"のときで，それ以後の私の生活は，数教協ぬきには語れないものとなってしまった。

　もともと，戦時中は金属化学工業科に籍をおき，戦後は文学部にはいり，ジャーナリストを志望していた私が，"デモ・シカ教師"として中学校で数学を教えるようになったのは，友人の勤めていた中学校で，数学の教師が突然やめてしまったので，その代用教員をやったから，というだけの理由であった。だから，私が学校教育とのかかわりあいのなかで数学を学んだのは，まさに数教協のなかにおいてなのだ。その意味で，遠山先生は私の数学の師でもあったと，自分ではそう思っている。

　本巻は，1955年に刊行された『数の系統』(小山書店)と，ほぼ10年後に『数学教室』(国土社)に連載された「中・高数学入門」から構成されている。この1955年から65年までの10年間に，"量の理論"と"水道方式による計算体系"という2本の柱に支えられて，小学校の数学教育の内容はいちおうの完成をみていた。1958年につくられた『みんなのさんすう』(日本文教出版)，それを引き継いだ1965年の『わかるさんすう』(麦書房)にそれがみられる。また，1963年の"数教協・第11回大会"からは，"一貫カリキュラム"と称された小中高を見通しての数学教育の体系が，数教協の討議の中心にすえられるようになっていた。このことは，「中学と高校の数学については大きな柱はほぼ立てられたが，細かいところになると，まだ十分の仕上げのできていないところもかなりある。そういう点を考慮に入れて，これまでの成果をわかりやすく解説すると同時に，まだよくわからないところの問題点を整理し，それに対するいちおうの解答を用意してみたいと思う」(「中・高数学入門」のまえがき)という，1964年に書かれた遠山先生の論文にあらわれている。そして，この10年間は，私にとっても学習の時代であり，その教科書が，この『数の系統』であり，「中・高数学入門」であった。

　遠山先生が好まれたことばのなかに，「業，精しからざれば，胆，大ならず」(遠山啓著作集・教育論シリーズ・第4巻『教師とは，学校とは』)というのがある。遠山先生ならではのことばだと思うが，本巻は，すべての子どもを賢くするためには，"一人一人の教師が力をつけることがなによりもたいせつだ"と，つねづね主張されていた遠

山先生が，すべての教師が"胆を大にする"ことを願いながら書かれたものだと思っている。そして，20年もたって，いまだに"胆,大になれず"にいる不肖の弟子の自分がはずかしくてならない。

なお，本巻はいまから26―16年もまえに書かれたものであり，数教協でも，"一貫カリキュラム"から"楽しい授業"―→"人間のための数学"と大会テーマを発展させているように，遠山先生のお考えも，本巻の内容からすこしは変わっているように思うが，その根底にある"すべての子どもを賢くする"ことを願う先生の，そして，数教協の理念は今日でもいささかのゆるぎもない。

●――Ⅰ―数の系統１――自然数と初等整数論

「自然数」――『数の系統』(「新初等数学講座」代数・第１分冊)1955年・小山書店

数の起源からはじめて，自然数が"独立性と個性をもつ"物体をかぞえることから発生したことや，１対１対応などに軽く，物語ふうにふれている。

「自然数の演算」――同上

自然数は加法に対して閉じている。そのことから，加法・乗法の結合・交換法則から分配法則，さらに逆演算としての減法・除法について簡単にのべられている。

「公倍数と公約数」――同上

約数と倍数の説明にはじまり，完全数・友好数にふれたあと，十干十二支の例から公倍数・最小公倍数についてのべられ，互除法による最大公約数の求め方へとつづく。遠山先生が初等整数論を教育にとり入れることにかけられた情熱は大きく，このあと，62年に『数の不思議』(国土社)，72年に『初等整数論』(日本評論社)を書かれている。前書は中学３年生以上の青少年向き，後書は一般向き，といったちがいはあるが，この二書が整数論のかなり深いところまで書きすすめられているのに対して，ここでは，小・中学校の教科書で扱われている内容についての数学的な基礎づけに重点がおかれている。なお，本書でも，この部分にだけ「問題」がついているのも，遠山先生が教材化にまで力を入れておられたことのあらわれであろう。

「素数」――同上

素数が無限にあることを帰謬法で証明したあと，"エラトステネスのふるい"，ついで素因数分解の一意性の証明をし，約数の個数を素因数分解によって求めることから，二つの数の積は最大公約数と最小公倍数の積に等しいことまでやって終わっている。私も昨年(1980年)，受け持った中学１年生にここまでやってみたが，中１でもけっこうおもしろかった。"証明"にふりまわされないようにすれば，"論証を初等整数論で"という遠山先生のお考えからはすこしずれるかもしれないが，楽しい授業になるだろう。

● ── Ⅱ ─ 数の系統2 ── 分数と正負の数

「分数の意味」──『数の系統』(「新初等数学講座」代数・第1分冊)1955年

この章は，分数を単位分数の和で表わしたエジプト人の話からはじまり，分数の二つの意味，大小，通分といったことにふれている。ここでも，「共通の分母に積をとるやり方をやめて最小公倍数をとる方法に変わったのは，それほど昔ではないようである。……積をとる方法が一般的にすたれてきたのは，やっと17世紀になってからだといわれている。こんな話をきくと，人間の知恵も案外，進み方がおそいという感じがするのである」(51ページ)というくだりを読んでいると，哲学者ふうの遠山先生の風貌が浮かんでくる。

「分数の演算」──同上

ここでは，乗除について ていねいに書かれているのがめだつ。とくに"分数を掛けると減る„ことについて，オイレルのいった「整数または分数に分数をかけると積は被乗数より小さくなるが，これはとにかく乗法の性質とは矛盾する。乗法は，その名称から判断すると，増加もしくは拡大を意味するからである」(55ページ)といった紹介のあとで，「"掛ける„は英語では multiply であるが，このことばは字引きをみると，"掛ける„という意味のほかに"ふえる„とか"繁殖する„とかいう意味をもっている。旧約聖書には"生めよ，ふやせよ„という文句があるが，英語では "Be fruitful and multiply" となっている」(55ページ)というあたり，文化史の好きな私にはたまらない魅力であった。

このあと，乗法は，分数になると，累加ではできないということから，"量×量„という新しい意味づけがなされる。

「負数の加法と減法」──同上

現在，中学校では，負の数の導入をトランプゲームで行なうことが多い。"負の数をひく„ことの説明にはたいへん具合がいいからである。これは，遠山先生が『数学入門』(上巻・1959年・岩波書店)に書かれたものを，先生ご自身でゲーム化されたものだが，そのさらに原典ともいえるものがここにある。本書では，加減を，現在の中学校で使われているすべての教科書とおなじく，"数直線上の運動„という方法で扱っている。また，アメリカで2番目に多く使われているというスコット・フォースマンの教科書にも，負の数を"5„と表わす記法があったが，本書でもおなじ方法をとっている。演算の記号の"－„は動詞で，数の符号の"－„は形容詞，というコーシーのことばは『数学入門』(上巻)に紹介されているが，本書にも，その考え方がみられる。

「負数の乗法と除法」──同上

中学校の教育研究集会でいつも問題になるのは，負の数の乗法の規則を，いかに子どもたちに納得させるか，ということである。よく，「加減はトランプでうまくいくが，乗除はやはり"速さ×時間＝距離„になってしまう。両方を統一したモデ

ルはないものか」ということを聞く。ところが，昨年あたりから，「乗除もトランプでうまくやれる」という提起がされるようになり，私も昨年，中学1年でやってみたが，けっこううまくやれたように思っている。ところが，本書では，もう30年ちかくもまえに，そのことをいわれているのには驚く。私も20年以上もまえに読んでいたはずなのに，まったくもって不肖の弟子であったわけだ。

● ── Ⅲ ─ 数の系統 3 ── 実数と複素数
「有理数と無理数」 ──『数の系統』(「新初等数学講座」代数・第1分冊)1955年
無理数発見の歴史が語られ，素因数分解の一意性を使って，その証明がなされる。
「実数の性質」 ── 同上
ここでは，デデキントの切断によって無理数が表わされる。しかし，このあと，実数の加法について簡単にふれるだけで，減乗除については省略され，すぐに指数の一般化をしている。四則のほかに，"極限をとる"という演算を自由にするために実数を考えたということになる。
「虚数と複素数」 ── 同上
自然数から実数までの拡張が演算によってなされた後，その逆演算を考え，さらに"代数方程式を解く"という演算に自由になるために，新しい数"虚数"が導入される。そして，この虚数が，歴史的には，その存在が知られてから数百年という時の流れのなかで，カルダノ，オイレル，ライプニッツたちを悩ましながら，しだいに市民権を獲得してきたということが巧みに展開されていく。
この著作集の「教育論シリーズ・月報4」に，数学者の杉浦光夫さんが，遠山先生の名著『無限と連続』(岩波新書)を読んだあとで，「"遠山さんに数学史の本を書いていただきたかったなぁ"という歎声を思わず発した」と書いておられるが，私も遠山先生の本を読んでいて，何回，そう思ったかしれない。もっと早くお願いしておけば，書いていただけたかもしれないと思うと，残念でならない。
このあと，「虚数のために押しも押されもしない存在権を確立した」(101ページ)のがガウスであり，それはガウスが複素数を平面上の点として表わしたことによることがのべられている。
「複素数の演算」 ── 同上
「$a+bi$ という形の数を計算するには，i が普通の文字であるのと同じに考えてやればよい。ただ i^2 がでてきたら，その都度 $i^2=-1$ でおきかえていく」(104ページ)ということをガウス平面上で考えることから複素数の加法と減法が導入され，ついで，絶対値と偏角から乗法の規則が示される。ここでは，オイレルの「等しい $\sqrt{-3}$ と $\sqrt{-3}$ をかけると -3 になる。$\sqrt{-3}\cdot\sqrt{-3}=-3$, しかし，ことなるものをかけるときには，$\sqrt{a}\sqrt{b}=\sqrt{ab}$ だから，$\sqrt{-2}\cdot\sqrt{-3}=\sqrt{(-2)(-3)}=\sqrt{6}$ となるべきだ」(108ページ)という主張がまちがいであることが指摘されてい

るが，確率論でのダランベールのまちがいとともに，第一流の数学者も誤解していたなど，私のように数学コンプレックスをもっているものにとっては痛快である。このあと，共役複素数から結合・交換・分配法則までが証明される。さらにガウスの基本定理が紹介され，最後に，新しい数を生みだしていくなかで，どのような性質が保存されているか，どのような性質が失われたか，といった考察がなされている。

●──Ⅳ─中学数学入門講座

1969年に"現代化"学習指導要領が文部省によってつくられたが，その数年まえから，SMSG などアメリカにおける数学教育の 現代運動の動きが伝わってきており，日本でもそれに盲従するであろうことは予測されていた。だから，数教協でも，それに対する反対運動が組織されていた。その理論的主柱は，もちろん，遠山先生であった。このへんのことについては数学教育論シリーズ・第8巻『数学教育の現代化』にくわしいから省略するが，本講座でも，遠山先生がこのことを視野に入れながら論を展開されていることは念頭において読むべきだろう。

なお，この講座は，1964年11月から1965年9月まで『数学教室』に連載された「中・高数学入門」のうち，とくに中学校教材にあたる部分を収録したものである。

「文字記号の意味」──『数学教室』1964年11月号・国土社

1969年の夏，遠山先生は，小学校5，6年生15名ほどを集めて授業をされたことがある。このときのことを，先生はあとでこういわれている。「学校もちがうし，教科書もちがっているし，5年，6年と学年までちがう子どもを一クラスにして授業が成り立つかという疑問はあったし，むしろ，無茶な試みとさえ言えたかもしれない。しかし，私には成算があった。教材として，だれもやったことのないまったく新しいものを選べば，すべての子どもを同じスタート・ラインにならべることができるし，算数ぎらいであることがかえって有利な条件になると予想していた」(「数学教育とゲーム」遠山啓著作集・数学教育論シリーズ・第10巻『たのしい数学・たのしい授業』所収)

遠山先生が，「私には成算があった」といわれているのは，それまでに深い考察がなされていたことを示しているし，それを証明するものとして本講座がある。ここでは，まず，「これまで小学校は算数，中学校は代数という割り当てができていて，その割り当てが長い間の習慣になってきた。それはあたかも天地創造以来のきまりのようにさえ思われて，疑ってみる人はいなかった」(118ページ)という書きだしからもうかがえるように，"小学校から代数を"という主張がなされている。そして，5年後には遠山先生みずからこの主張を実践されることになったのである。それは，通称"箱の代数"とよばれている。

この"小学校で代数を"という主張の可能性をさぐるために，まず，"文字の意味"

についての説明がある。晩年には，文字の意味を"①一般の定数，②未知の定数，③変数，④枠組"というかたちで表現されたが，それらを もっともうまく表現するものとして"箱"を使われていた。しかし，ここでは"ふろしき"をもちだされているのがおもしろい。

文字とはなにかということで，戦前，ベストセラーになった「考へ方シリーズ」の創始者・藤森良蔵の『代数学，学び方 考え方と解き方』(大正3年版)から"カン詰""ビン詰"説がかなり長い引用文とともに紹介される。私のように古い本と縁のうすい者にとっては，この引用はまことにありがたい。このあと，ソーヤーが『数学のおもしろさ』(岩波書店)で文字を"袋"にたとえたこと，さらに，ワイルが"空虚な場所"にたとえたことがのべられ，「私は日本人らしく"ふろしき"というものを持ち出すことにしよう。カンもおもしろいが，一度カンをあけたら，元にもどらないという欠点がある。袋も少し大げさすぎるというので，"ふろしき"ということにしてみたのである」(124ページ)と，その理由が語られている。この"ふろしき"が，どうして箱になったか，一度，遠山先生にお聞きしたような気もするが，どういう返事をいただいたか，とんと覚えていない。

さいごに，言語の威力ということで，記号の威力について言及されているが，遠山先生ほど数学教育のなかでの記号の威力について深い考察をされた人を，私は知らない。

「公約数」——同上・1965年6月号

「互除法を出発点として，整数論を小学校高学年から中学や高校にかけて教材化する必要がある」(126ページ)と主張され，小学校5年生ぐらいの互除法の授業が展開されている。とくに，三数以上の最大公約数を互除法で解くことがていねいに書かれているし，その証明もなされている。ただ，"証明"のあたりは小学生にわかるかな，という疑問が残る。

「公倍数」——同上・1965年7月号

ここでは公約数のところとは一転して，教科書スタイルの展開になっている。三数以上のときの最小公倍数まで"問い"があり，その証明は文字式を使ってなされているが，遠山先生はこのへんを小学生に教えることにして，教師のために証明を入れておられるらしい。しかし，そのへんはあまりはっきりしていない。中学校教師には「数の系統1」のところとあわせて読めば，おおいに得るところがある。

「素数」——同上・1965年8月号

"エラトステネスのふるい"から素数が無限にあることの証明，素因数分解の一意性，素因数分解によるGCM，LCMの求め方までが書かれているが，このへんになると，教師用であることがはっきりしている。しかし，遠山先生も，このへんの教材化については，まだ，はっきりしたものをおもちではなかったようである。

「集合と関数」——同上・1965年9月号
数年後に学習指導要領におおはばにとり入れられるであろう集合について，当時，いろいろなことがいわれていた。たとえば，関数を二つの集合のあいだの写像として定義することも，その一つであった。このことに対して，遠山先生は，はじめから定義域を定めてしまうということは数学教育的に正しくないといわれたあと，それなら，正の整数に対してだけ定義されている整数論的関数をはじめにもってきたらどうか，と提起しておられる。そして，"約数の個数を求める"とか"約数の和を求める"とか"完全数を調べる"とかなどの教材が紹介されている。

●——V—高校数学入門講座

1960年代の数教協は，小中高の一貫カリキュラムを構築する，という方向で精力的な運動を展開していた。このとき，遠山先生は高校の数学教育を構成する3本の柱として，

①——線型代数
②——微分積分
③——記号論理

を，あげられていた。そして，そのための教師向けのキャンペーンの一部として書かれたのが，この「高校数学入門講座」である。当時の遠山先生が数学教育にかけた情熱の一端がうかがわれる。

「内積」——『数学教室』1964年12月号
ここでは，"量の立場"に立って，"文字の体系"をつくることが主張される。そして，"定積分も内積の意味の拡張である"といったように，"内積は数学全体を貫く大きな柱である"という立場から，内積を主として扱う線型代数の重要性がのべられている。

「行列と行列式」——同上・1965年1月号
「これまでの数学教育には，ひとつのガンコな固定観念が支配していた。それは，"行列式はやさしく，行列はむずかしい"というのである」(176ページ)という考えに立ち，多次元量として行列が導入されるべきであるといわれているが，私のように，"遠山先生の数学"で学習した者にとっては当然のように思えて，あまりピンとこない。ついで，幾何学的な矢線に結びつけ，2次元の行列式では，平行四辺形の面積として演算を考えている。

「3次元の行列式」——同上・1965年2月号
ついで，3次元の行列式を平行六面体の体積として扱ったのち，外積代数についてふれているが，このあたりは大まかな見通しがのべられているだけ，といえる。

「指数関数」──同上・1965年3月号

指数法則を,指数関数を扱うなかでつくりだしていこうということが,一時期,中学校でも行なわれたが,もともと,中学校では指数関数を扱わないので,"鶏頭を割くに牛刀を用いる"の観をまぬがれなかった。いまではほとんど実践されていない。私なども,一度,

$$\sqrt{2} = 2^{\frac{1}{2}}$$

というかたちで平方根を扱ってみたこともあったが,これも現実にはうまくいかなかった。とにかく,この60年代は"すべての子どもに高い学力を"というスローガンをかかげ,夢中になっていた時代であった。

光が物質を通過するときの光の強さの変化から指数法則をつくりだすことがていねいに展開されている。最後に,オイレルの公式

$$e^{i\theta} = \cos\theta + i\sin\theta$$

をできるだけはやく導入することによって,「生まれどころのちがった二つの関数がオイレルの公式によって結びつけられることになったのである。これは,まさに驚きである。この驚きを生徒たちに体験させることができたら,成功である」(196ページ)といわれている。

「オイレルの公式」──同上・1965年4月号

ここで,さきのオイレルの公式が証明される。これによって,「三角関数のあいだのいろいろの変形公式は,すべて $e^{i\theta}$ の四則の公式に直されてしまう」(207ページ)といわれている。

「関数の性質」──同上・1965年5月号

関数の指導にブラック・ボックスは欠かせないものというのは,すでに数学教育界の定説といってよい。そのことにもっとも力があったのが遠山先生の諸論文であった。ここでは,関数の指導体系として,"関数の三用法"の意味が,行列・行列式とからみながらのべられる。

「中学・高校数学の発展のために」──同上・1965年12月号

「数学とは記号を利用する学問である」(220ページ)ということから,"文字"のくわしい分析のあと,量,集合,関数,論理的思考,整数論,空間と図形についての概括が展開されている。

● ──Ⅵ──中学・高校数学の展望

Ⅰ─Ⅲ章の「数の系統」について,本巻ではもっとも古く,1963年代に遠山先生が中高の教師のための"数学入門"として『数学教室』に書かれた論文をまとめたものである。先生がつねにいわれていた,"同じことを転調しながら何回ものべることがたいせつである"ということが本書でもいくつかの重複となってあらわれているが,この部分でも,それはいえる。しかし,それは,それだけ遠山先生が力

説されていた部分でもある。

「構造とはなにか」——『数学教室』1963年4月号

遠山先生は，よく"構造"ということをいわれた。"文字"の説明のときも，"ある構造をひとまとめにして，一つの文字で表わすことによって，さらに大きな構造のなかの素子となる"というようないわれ方をされた。まさに，文字の威力があますところなく表現されていると思った。その"構造"ということばを数学教育界へ提示されたころの論文で，「"構造"などということを言い出すと，"おまえはまた新しいコトバをひねり出して数学教育界を混乱させるのか"という人がいるかもしれない」(233ページ)と前おきされ，地動説から進化論までもち出して論を展開されているのも遠山先生らしい。このあと，同型，自然数の構造，順序の構造と説明がつづく。なかでも，ペアノの理論を説明するために"後続者"の例示としてだされた"宴会での指名権"など，比喩の名人であった遠山先生の語りにはまったく感心させられてしまう。

「ペアノの公理と自然数」——同上・1963年5月号

"数え主義"を否定するためには，それが立っている"順序の構造"について検討しなければならない。ここでは，その順序の構造に重点をおいた自然数の理論であるペアノの理論が説明されている。このあたり，遠山先生の数学者としての面が強くでている。ところどころに教育的な解説が挿入されるが，ペアノの理論の五つの公理と，それからでてくる種々の定理と，その証明となっている。

「ペアノの公理の拡張」——同上・1963年6月号

"数え主義"では"順序"がもとになるために，交換法則は自明でなくなる。なによりも"十進構造"がすこしも織りこまれていない。この欠陥がはっきりと露呈するのが"大きな数"の加法であるが，その対策として，つぎのように，「①できるだけ早く筆算に移行する。②頭加法の暗算に深入りする。前者の方向をとったのは黒表紙であり，後者は緑表紙であった」(251ページ)といわれ，このあたりの問題がていねいに扱われている。つづいて，ペアノの理論によって負の数まで拡張する方法がのべられているが，ここでも"量"を土台にしないと，いかに教育的でないかが一読して明らかになる。

「有理数の創出」——同上・1963年7月号

量を追い出して，そのなかで有理数をつくり出す，という方法で展開すると，「これは分数を分子と分母という二つの整数の関係としてとらえさせようとする割合分数の考えかたによく似ている」(259ページ)ということで，通分ひとつとっても説明にたいへんな手間がかかるし，まったく教育的でないことがわかる。そのあと，四則演算が証明されるが，まさに「量なしで分数を定義しようとすると，以上のように，複雑な計算によって証明せざるを得ないのである。だから，割合分数でいこうとすると，こういうことを覚悟しておかねばならない」(264ページ)と

いわれ，逆に"量"の重要性が強調されていることがわかる。

「代数の系統」——同上・1963年8月号

具体的には小学校から文字を導入したらどうか，ということについての意見が出され，それが"4年生ぐらいから可能ではないかと思われる"ということとともに，もう一度，"文字の意味"についてのべられている。そして，

一般の定数——→未知の定数——→変数

という文字指導の系統が提起される。ただし，ここで"一般の定数"としているのは，"指示代名詞のような性格"として位置づけられており，"主格変換"のように，思考を形式化する場における定数のようなものまでは考えていないと思える。しかし，当時，"現代化"と称して，文字をすべて変数としてとらえることからはじめようとする文部省側の動きに対しての鋭い警告であったことからも，これは歴史的にも大きく位置づけられる文献であろう。

このあと，代数の系統として，線型と非線型に分け，中学校では主として線型代数が中心であると主張され，「これまで，文字計算で早くから指数法則をもってきているものがあるが，これは非線型なものを線型のなかに混入させることであり，いたずらに複雑にするだけであって，後まわしにしたほうがよい」(271ページ)としているが，これは現在でもいえることである。20年ちかくもまえに主張されていることが，今日でも改まっていないことに，いまさらのようにガッカリするのは私だけではあるまい。

現在，中学校では"校内暴力"の嵐が全国的に吹き荒れている。そして，それが，いつ，いかなるかたちで収束するのかということに，多くの心ある人びとが心を痛めている。しかし，遠山先生はこのことをすでにその以前から指摘し，その根が"競争原理"にもとづく"序列主義"にあることを明らかにされていた。「結論的にいえば，いま，学校がかかえている非行という問題は，若ものたちの未来への夢をやぶり，ほこりを傷つけ，はずかしめたりすることをやめさえしたら，大部分が解決されるだろうと，私は考えている」(遠山啓著作集・教育論シリーズ・第3巻『序列主義と競争原理』198ページ)といわれ，そして，子どもたちを，この"競争原理"と"序列主義"の束縛から解放するためには"楽しい授業"をつくりだす以外にはないことを身をもって実践されはじめたときに病魔におかされ，志なかばにして亡くなられたのである。

遠山先生なきいま，私たちは一つ一つの教材の本質を見きわめ，"人間として成長する"ための中学・高校の数学教育をつくりあげなくてはならないのだ。そして，そのために本巻はある。——東京・第3砂町中学校・教師

初出一覧

●──Ⅰ─数の系統 1──自然数と初等整数論
「自然数」──『数の系統』(「新初等数学講座」代数・第1分冊)1955年・小山書店
「自然数の演算」──同上
「公倍数と公約数」──同上
「素数」──同上

●──Ⅱ─数の系統 2──分数と正負の数
「分数の意味」──『数の系統』(「新初等数学講座」代数・第1分冊)1955年
「分数の演算」──同上
「負数の加法と減法」──同上
「負数の乗法と除法」──同上

●──Ⅲ─数の系統 3──実数と複素数
「有理数と無理数」──『数の系統』(「新初等数学講座」代数・第1分冊)1955年
「実数の性質」──同上
「虚数と複素数」──同上
「複素数の演算」──同上

●──Ⅳ─中学数学入門講座
「文字記号の意味」──『数学教室』1964年11月号・国土社
「公約数」──『数学教室』1965年6月号
「公倍数」──『数学教室』1965年7月号
「素数」──『数学教室』1965年8月号
「集合と関数」──『数学教室』1965年9月号

●──Ⅴ─高校数学入門講座
「内積」──『数学教室』1964年12月号
「行列と行列式」──『数学教室』1965年1月号
「3次元の行列式」──『数学教室』1965年2月号
「指数関数」──『数学教室』1965年3月号

「オイレルの公式」——『数学教室』1965年4月号

「関数の性質」——『数学教室』1965年5月号

「中学・高校数学の発展のために」——『数学教室』1965年12月号

●——Ⅵ—中学・高校数学の展望

「構造とはなにか」——『数学教室』1963年4月号

「ペアノの公理と自然数」——『数学教室』1963年5月号

「ペアノの公理の拡張」——『数学教室』1963年6月号

「有理数の創出」——『数学教室』1963年7月号

「代数の系統」——『数学教室』1963年8月号

*——Ⅰ章・Ⅱ章・Ⅲ章は『数の系統』を著作集に収録するにあたって再構成したものです。
この「新初等数学講座」は1962年にダイヤモンド社より再刊された。

*——Ⅳ章・Ⅴ章は連載「中・高数学入門」(13回)の一部を,Ⅵ章は連載「数学入門」
(6回。ただし,4—6回は「入門講座」となっている)の一部を著作集用に構成しなおしたものです。

初出一覧

刊行委員

遠藤豊吉えんどうとよきち
1924年，福島県二本松市に生まれる。
1944年，福島師範学校卒業。
1980年，東京都武蔵野市立井之頭小学校教諭を最後に退職
現在　月刊雑誌『ひと』編集委員
主要著訳書──
『教室の窓をひらけ』三省堂
『学習塾──ほんとうの教育とは何か』風濤社
『年若き友へ──教育におけるわが戦後』毎日新聞社

松田信行まつだのぶゆき
1924年，三重県松阪市に生まれる。
1945年，東京物理学校(現，東京理科大学)卒業。
現在　芝浦工業大学教授・数学教育協議会会員
専攻　数学・数学教育・科学史
主要著訳書──
『ベクトル解析と場の理論』東京図書
『数学通論』(共著)同文館
『基礎数学ハンドブック』(共訳)森北出版

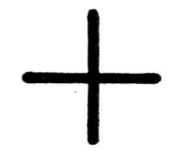

宮本敏雄みやもととしお
1913年，大阪府堺市に生まれる。
1938年，大阪大学理学部数学科卒業。
現在　関東学園大学教授・数学教育協議会会員
専攻　応用数学・数学教育
主要著訳書──
『写像と関数』明治図書
『線型代数入門』東京図書
アレクサンドロフ『群論入門』東京図書

森毅もりつよし
1928年，東京都大田区に生まれる。
1950年，東京大学理学部数学科卒業。
現在　京都大学教授・数学教育協議会会員
専攻　関数解析・数学教育・数学史
主要著訳書──
『現代の古典解析』現代数学社
『数の現象学』朝日新聞社
『数学の歴史』紀伊国屋書店

遠山啓著作集
数学論シリーズ——1
数学の展望台——I 中学・高校数学入門

1981年6月30日　初版発行
2006年9月30日　復刻オンデマンド版発行
著者
遠山啓
刊行委員
遠藤豊吉＋松田信行＋宮本敏雄＋森毅

発行所
株式会社太郎次郎社エディタス
東京都文京区本郷4-3-4-3F　郵便番号113-0033
電話03-3815-0605　http://www.tarojiro.co.jp

造本者
杉浦康平＋鈴木一誌
オンデマンド印刷・製本
石川特殊特急製本
定価
カバーに表示してあります
ISBN978-4-8118-0961-8　©1981

遠山啓著作集──太郎次郎社＝刊

●──戦後から30年，遠山啓は，たゆみなく子どもに向かって歩みつづけた。この道こそが教育の混迷を超える新しい視界を拓く。数学者・教育者・思想家，知性の巨塔，遠山啓の全体像を集大成する。
●──数学論・数学教育論・教育論にわけ，各シリーズに独自な体系をもたせながら，3部で遠山啓の全体像を把握できるようにした。
●──各シリーズには全体を鳥瞰できる第0巻をおき，著者の思想と方法の体系へ導く原点とした。
●──造本＝杉浦康平＋鈴木一誌

数学論シリーズ 全8巻
0──数学への招待
1──数学の展望台────Ⅰ中学・高校数学入門
2──数学の展望台────Ⅱ三角関数・複素数・解析入門
3──数学の展望台────Ⅲ数列・級数・高校数学
4──現代数学への道
5──数学つれづれ草
6──数学と文化
7──数学のたのしさ

数学教育論シリーズ 全14巻
0──数学教育への招待
1──数学教育の展望
2──数学教育の潮流
3──水道方式とはなにか
4──水道方式をめぐって
5──量とはなにか──Ⅰ内包量・外延量
6──量とはなにか──Ⅱ多次元量・微分積分
7──幾何教育をどうすすめるか
8──数学教育の現代化
9──現代化をどうすすめるか
10─たのしい数学・たのしい授業
11─数楽への招待──Ⅰ
12─数楽への招待──Ⅱ
13─数学教育の改革運動

$$\div$$

教育論シリーズ 全5巻
0──教育への招待
1──教育の理想と現実
2──教育の自由と統制
3──序列主義と競争原理
4──教師とは,学校とは

遠山啓の本

点数で差別・選別する現在の日本の教育は子どもたちの未来への希望を奪っている。
いまこそ教育の原点にたちかえって，新しい出発が望まれる。
子どもたちの生きる自信と学ぶ喜びをとりもどす教育を実現するために。

かけがえのない，この自分──教育問答［新装版］
子どもが自分の主人公となれるほんとうの教育の営みを事実で語る。

いかに生き，いかに学ぶか──若者と語る
高校進学を拒否した女の子に，どのように生き，学ぶかを著者が語りかける。

競争原理を超えて──ひとりひとりを生かす教育
序列主義を超えて，人間の個性をのばす教育・学問のあり方を追及する。

✝

水源をめざして──自伝的エッセー　品切れ
学問・芸術はどんなに人間を豊かにするかを，著者の歩みをとおして語る。

教育の蘇生を求めて──遠山啓との対話　品切れ
死にかかった日本の教育をどう蘇らせるか。第一線の学者・詩人・画家との対話。

古典との再会──文学・学問・科学　品切れ
数学者の眼がとらえた，チェーホフ，老子，ブレーク，ニュートン，……の世界。

上記の単行本は，すでに小社より出版されていますので，著作集には収録しません。
全国どこの書店でも手にはいります。小社に直接ご注文の場合は送料を申し受けます。